# 室内设计

## 理论与实践

改建后的剑桥贾吉学院内部空间。由约翰·乌特勒姆建筑事务所提供

# 室内设计

## 理论与实践

[英]安东尼·萨利 著

黄 更 王震君 译

中国建筑工业出版社

著作权合同登记图字：01-2013-8038号

**图书在版编目（CIP）数据**

室内设计理论与实践 /（英）安东尼·萨利著；黄更，王震君译. — 北京：中国建筑工业出版社，2019.5

书名原文：Interior Design Theory and Practice

ISBN 978-7-112-23301-4

Ⅰ. ①室…　Ⅱ. ①安…②黄…③王…　Ⅲ. ①室内装饰设计 — 研究　Ⅳ. ① TU23.82

中国版本图书馆CIP数据核字（2019）第027484号

Interior Design Theory and Process

责任编辑：段　宁
责任校对：王　烨

**室内设计理论与实践**

[英] 安东尼·萨利　著

黄　更　王震君　译

\*

中国建筑工业出版社出版、发行（北京海淀三里河路9号）
各地新华书店、建筑书店经销
北京点击世代文化传媒有限公司制版
北京富诚彩色印刷有限公司印刷

\*

开本：850×1168毫米　1/16　印张：13¾　字数：383千字
2020年6月第一版　2020年6月第一次印刷
定价：145.00元
ISBN 978-7-112-23301-4
　　（33616）

# 目　录

# 序

室内设计不仅仅是对室内空间进行视觉效果上的强化，它更力图通过设计来优化产生一种和谐曼妙的空间环境。

弗朗西丝·马萨瑞拉（Frances Mazarella），美国室内设计师协会

## 我为什么写这本书

在职业生涯的不同阶段，我一直在英国负责五个室内设计学学位课程的管理工作，同时也是一位执业室内设计师。这本书是我个人在室内设计教学和执业实践过程中经过不断研究和论证的力作，将引领室内设计教育和实践的方向。

我决定教授室内设计，是因为从一个设计师的角度看待教学工作更能提高设计学教育的潜力。有许多此类非设计师完成的著作，尽管它们在许多方面都很出色，但有时只会人为地解释在某些方面的设计过程，而忽视创作的过程，我希望在本书中有所纠正，以重塑两者的平衡，并在富有经验的同事的帮助下，在这个富有争议的设计领域中提供指导挖掘室内设计真正的潜力。我将以一种轻松的方式点亮和帮助学生、教师和从业者应当如何展开室内设计的过程和方法。我从各种学术资源，而不单单是已有著作中反刍来提取我需要的样本信息，以满足我的创作目的。我希望这本书能成为你的终身伴侣，或者说它仿若你工作时无所不能的工具箱。如果书中我没能对某些社会问题概括清楚，在此致歉，因为我清醒地意识到，这个世界包含了如此不同的文化和礼仪，这都要求不同的设计解决方案。诺伯格·舒尔茨认为：

我们有一个矛盾但又相同的经验，即不同的人在同一时间和同一环境下有着相似和不同的经验。这些我们参与的日常生活的行为活动证明，我们有一个共同的世界。[1]

另外，1958 年社会人类学家克劳德·列维－施特劳斯也说过，来自世界各地不同的神话，其看似如此不同的表面故事细节下（一定是因为他们的文化是如此不同）却可能反映了相同的基本脉络。

## 目的

已经有许多著作涉猎室内设计及相关学科，包括涉及历史、风格、专业实践、设计实践和内饰标识的制作，包括考虑到法规政策、环保问题或为专业团体的设计。这本书不打算再重复这些主题（或相关），而是提出一条个人探索室内设计，以学生为主体并可以由此借鉴且影响他们自身的实践和发展之路。我写此书有三方面目的：

1. 增加补充室内设计的理论基础，使设计师能感觉到他们真的是这一领域的专家，可靠且具有实力。
2. 提高强调室内设计的艺术性，使其能够呼应人们的需求，并创作富有预见性的设计方案成为提升灵魂修养的艺术。

3. 打破常规的建筑模式，表明塑造内部空间的新概念。

最近有些具有很高艺术成就的作品，如艺术领域的阿尼什·卡普尔、建筑领域的扎哈·哈迪德和安瑞科·米拉莱斯、结构工程领域的圣地亚哥·卡拉特拉瓦、产品设计领域的汤姆·迪克森、玻璃琉璃制品领域的唐德·布特、家具和产品设计领域的贾斯珀·莫里森、建筑和室内设计领域的索德·赛特；菲利普·斯塔克也成就了菲利普·斯塔克品牌。许多普通人注意到这些设计师的工作，一方面室内设计通过媒体的宣传变得亲民而容易接近（和在 DIY 商店推广），但同时又使设计具有创造性的作品贬值。

通常作品被指定完成或安装在室内某处，因为需要接受各方面的审查而备受挑战，甚至发生颠覆性的改变。生产商为跟单和销售图表而妥协，设计师为口头承诺而妥协。我想阐述的是，在这个阶段，通常一个室内设计师不仅要负责室内装饰的细节，更应该扮演好使设计与建筑功能相协调的角色。

## 设计课程

有些读者可能会注意到，在某些高等教育和进阶教育机构中会出现"室内建筑"或"空间设计"课程，而不是更常见的"室内设计"课程。这是因为我们一些教育工作者的不同想法，而并非是这个专业学科的变化改革。当我们从建筑的外部欣赏楼宇时，隐约可见的内部空间也可以看作是建筑师的设计，但是，当一个人在建筑物内，并看不到这栋整体的建筑物外观（当然，我知道凡事总有例外）。我们可以由此推断"室内建筑师"一词比另一术语"室内设计师"从定义范围上要来得弱。在英国，并没有室内建筑师这样的人。称谓可以改，但游戏规则是一样的。

## 我的观点

最后，我想补充一点，我试图挖掘一些能不受历史、繁文缛节、规范或教条所束缚的设计的可能性，毫无疑问，这些都是带有我个人观点和偏好的，我希望能够对这一主题的讨论有积极的贡献和帮助。我并不打算展开"什么是艺术？"及"什么是设计？"，也不打算用深奥的哲学性原理论述，正如许多优秀的文学作品源自读者内心。

# 致　谢

我要感谢以下这些在我的人生历程中启发和帮助我的人：

鲁道夫先生（Mr.Rudolph），一位在伦敦皮姆利科的英格兰圣巴拿巴教会学校任教的小学教师；作为一名普通的教师，他对我以及我的艺术给予了莫大的支持和帮助。

彼得·艾提克奈普（Peter Enticknap），我位于新罕布什尔州的母校——隆旺兹沃思学院的一位美术教师。作为一名艺术家，他教给我耐心和美术室里的所有技能。

汤姆·西蒙斯（Tom Simmons），一位在伦敦哈默史密斯艺术与建筑学院的基础讲师。他兰开斯特式的幽默将课堂穿针引线般连接起来，并直指重点。他关注学生的个性发展，并懊恼我选择把室内设计而非艺术作为职业。

杰弗里·伯克（Geoffrey Bocking），哈默史密斯艺术和建筑学院的室内设计课程导师，他是我见过的最令人兴奋和深思熟虑的人。他教我如何去思考，如何分析和如何享受解决问题后的成果。通过他，我认识了巴米斯特·富勒，凯斯·克里什洛，乔治·米切尔基思，B·F·斯金纳和安东尼·亨特。

基思·克里什洛（Keith Critchlow），也是我在哈默史密斯艺术和建筑学院的导师。我讶异于他那些数量众多的手工绘制完成的精美 A1 教学演示版面，他借助它们支持和完善他的工作室教学。听他极富表达力的论述和理论，如同享受按摩服务般舒适愉悦！

诺曼·波特（Norman Potter），我在伦敦皇家艺术学院第一年的导师。他是一个积极乐观、鼓舞人心，能力完全被低估的人。他是一位很棒的老师，也是杰弗里·伯克的朋友。他是一位左翼理性主义者、幽默家和行为主义者，有时会边回答问题边用手指扭还含在嘴里的香烟，并用深邃的目光凝视着你，不管怎么说他都是很迷人的。

格雷厄姆·霍普韦尔（Graham Hopewell），一位室内设计师和良师益友，我与他有着良好的合作伙伴关系，我向他学会了如何开展小型实践。

理查德·帕多万（Richard Padovan），一位建筑师和作家，是白金汉高等教育学院的资深导师。他对我的教学方法深信不疑，并给予许多支持和倡议。他在设计领域的清晰视野和对设计问题的睿智把握，令我钦佩至极。

克瑞斯·帕特里克（Chris Patrick），她有效地控制着我的设计研究，引导其成为一个可管理的形式并最终成为一份非常全面的报告。她是一位很好的聆听者和令人钦佩的学期报告会负责人。

格雷厄姆·弗兰克奈尔（Graham Frecknall），建筑师。在他和我合作的蒙默思格伦德维尔的教堂改造过程中，我欠他很多。我非常尊重他在合同管理和捐赠资金方面的专业、诚信和能力。

我也想感谢所有这些年来有幸教过的学生。我为他们中的许多人成为成功的设计师而感到欣慰。在此感谢他们的反馈、他们的允诺和他们的公司。

感谢以下人士在此书编写过程的建议和帮助：比尔·哈雷（Bill Haley），贾尔斯·艾迪斯（Giles Alldice），埃莉诺·博德（Eleanor Bird），苏珊·雷德格瑞夫（Susan Redgrave），和汤姆瑞思·唐格兹（Tomris Tangaz）。我要感激我的妻子佩妮，我深知亏欠她甚多，她帮我准备了用于本书出版的所有图片。

我还要感谢在这一领域为我下面的实践提供专业经验的达菲·埃利·吉福内·沃辛顿（Duffy Eley Giffone Worthington）、卢埃林·戴维斯·威克斯（Llewelyn Davies Weeks）弗雷德里克·吉伯特

（Frederick Gibberd）、奥斯汀·史密斯勋爵（Austin Smith Lord）和约翰·鲍宁顿（John Bonnington）。

我想感谢出版商 A & C Black 出版此书，并感谢其在整个出版过程中所给予的帮助和支持，尤其是：苏珊·詹姆斯（Susan James）、达维达·桑德斯（Davida Saunders）,艾格尼丝·厄普夏尔（Agnes Upshall）、苏珊·麦金太尔（Susan Mclntyre）和菲奥娜·科布里奇（Fiona Corbridge）。

# 前　言

这是一部指引室内设计学科的完整指南。我很高兴的是，安东尼·萨利决定将这本书命名为《室内设计理论与实践》，而不是《室内建筑理论与过程》或《空间设计理论与过程》，或近来此学科其他任何无数貌似时尚的名称。室内设计就是室内设计，它有自己的准确定义，自己的理论和自身特定的过程。

安东尼·萨利对这一主题的热情充满字里行间。本书通过清晰的路线图描绘来认识这个复杂学科中的疑点、难点和障碍，并使用多个图表帮助读者获得一个完整的认识过程。这对室内设计有兴趣的人来说，是一个重要的资源。

在我看来，一个伟大的建筑作品，它的内部必然值得赞叹，但是，一个值得赞叹的建筑内部，却不一定有着令人赞美的外观。室内设计作为一门学科的重要性，足以与建筑学相当。尽管如此，人们仍对它有歧视。或许部分原因是电视节目和出版物过多混淆了室内设计与室内装饰的概念。本书将在这些更宽泛的标题下对室内设计、建筑、设计、装饰和艺术的相关行为活动作出一个明确的定义。当然，室内设计有其自身的艺术准则。这本书在最广泛的外延和最深远的内涵上进行研究。标题上的引号赋予深意，对室内设计学科的理解就在我们这个日新月异的社会中，书写在每一个篇章的字里行间中。

安东尼·萨利的目的是提供"工具包"，但也"从一个新视角提供重新审视本学科的书"。他全面介绍"室内设计学的复杂性和混淆性"。既从一个旁观者又从一个参与者的角度对所有主题的完整性、全面性、通晓性提供帮助。这是一本充满财富的好书，它应成为每一个学生和室内设计从业者的必读著作。此外，也许更重要的是，鼓励客户和许多机构在涉及室内设计项目决策过程中使用这本书作为一个"工具包"或"决策书"，这不失为一个好主意。

我自己作为室内设计从业者的使命是，一直以来在制造能丰富我们生活的空间，偶尔使我们毛骨悚然。在历史的长河中伟大的室内空间例子不胜枚举。从洗浴室到宫殿，从图书馆到夜店，我们所有人都生活在居住的室内空间里。室内设计师的神圣职责即创造空间并以此改善我们的生活，激励着我们每个人的生命。

# 绪　论

## 什么是室内设计？

室内设计源自屋顶下的活动设计，它融合了众多的学科，往往是出于商业原因。这些学科的概述在第1章的开头，并有助于加强所有设计学科的通用流程的概念（室内建筑，顾名思义，不是一个设计主题，它是建筑的一部分，因此它下属于建筑，这就是为什么我坚持保留名"室内设计"）。

本书中，我们以设计之名审视一种创造性的活动问题，并将进一步探究室内设计的一些具体细节。从历史上看，媒体的观点是设计学主要是产品设计的学科。这是因为，技术创新源自材料，在"产品开发"的大旗下进行这些新产品项目，在实验室、工厂或工作室里探索发明。当创新的技术，如电话、汽车和塑料一经问世，即引领时代。在20世纪期间，相较于室内作品，涌现出的新产品则更能继续代表着我们这个时代的文化与科技创新成果。室内空间可能会包含一个新产品和材料的组合，但整个室内并不像具体产品一样被定义或者形象地记录下来，显然，这突显了室内设计的跨界性、混合性，它不同于任何其他的艺术、建筑或工艺品设计，因为室内设计不能被打造成一种可辨识的形式然后作为产品来销售。众所周知，在室内设计领域，室内原型不同于产品设计产生的方式，而是在整个设计过程尝试依靠使用材料和产品的迹象，如果有需要，也可以增加不同程度的工作室测试。从某种意义上说，所有的室内设计项目都是独一无二的原型，它们是同类产品和服务的第一组合的见证者（除去可复制性商业链部分）。

室内环境是"环绕"的互动体验，重要性仅次于我们的穿衣体验，人们在建筑物中穿行而感受物体、结构、表面、空间和光线的变化，室内空间不会有固定不变的感受。人们通过在环境中游走顺序的体验，可以体验涵盖各种空间的使用功能，从而了解对这些空间功能的多重需求，这就是室内设计技能的精髓。室内设计师能够响应用户的需求，并根据建筑物和位置来处理室内形态，他应是一个艺术家，一个能解决问题的人。室内设计最终给建筑物带来生机，它是设计师给演员（用户）的表演舞台。作为建筑本身，因为它对土地和天空轮廓的影响，相对于使用，则成为形式上的感受对象。

罗伯托·伦格尔说得好，他说：

设计需要在许多不同的层次上和范围中解决问题。解决这些设计问题（相邻关系、隐私、连接、附着物、观点、细节、家具、照明等等）是通过复杂的叠加分层方式产生特定的效果。在任何既定的工作中，设计师需要操纵控制，并最终以推、拉、扭等方式解决这些组合，以实现引人入胜和令人回味的设计[1]。

## 室内设计从业概要

这里有一个室内设计项目进展例子（见第19页图）。

一旦设计合同确定由设计师接手，那么客户就会有一个更详细的要求、活动和需求以及预算。需要分析和修正以解答提出的问题（这可以在审查和修订工作中进行）。设计师组建专业团队，其中可能包括建筑师、工程师和其他专业设计人员，协助他完成合同。他需要到客户方开展和合同相关的调研工作。

下一个阶段是先熟悉建筑物和地理位置然后画草图，之后提交给客户几个草图的设计方案，其中一个被选中实施。一个完整的设计方案提出后，如果获得批准，那么包括建筑及其设计的相关服务，连同具体尺寸的深化图纸，将作为招标文件发送到多个建筑承包商做成本核算。与此同时，接下来的工作需要从当地政府部门获得批准，以确保设计提案符合建筑法规。[2]胜出的承包商将被任命，开始现场建造作品，其中包含竣工日期。设计师出席所有相关的现场会议，通常每周一次，以监控建设进程。

设计师需要掌握大量的技能和专业知识，以开展上述工作。本书针对那些固化了设计师智慧的理论和哲学立场，轻信理论的设计解决方案。

# 关于本书

### 我们是谁
室内设计行业——要了解其专业范畴。

### 我们塑造及操作
室内环境的基本元素——定义了我们从设计理念到开发处理整个项目时的主要组成部分。

### 为谁设计
人群类别——我们必须了解人们的使用方式和功能需要，这样才能带来正确合理的设计方式。

### 提供控制安排
几何形状和比例——形状和形式的理论推理。

### 我们如何看到东西
感知——理解视觉判断和效果。

### 理由和推理
表达和意义——强大的激励因素以确保令人振奋的解决方案。

### 我们如何设计
设计工具。

### 我们现在到哪里？
新方向。

我们首先分析室内设计因素，如空间、环境、平面、立面等这些设计师操作并成为最终设计方案的模块组合。其次是审查设计师采用的几何形态和比例控制，以及设计过程中采用的理论基础。接下来我们会通过简要回顾过往主要的历史设计来探讨强有力的设计表述和设计意义，以建立当下的设计方向。然后，我们组织人的活动之间的关系以及他们在相关界面空间中的使用需求，以探索可能有助于激发作品的方法和建议。第8章"对准则的探索"是最后一章，推选了一些过去有影响力风格的个人，后面是新概念方法在室内空间塑造的探索之道。

这本书通过分析，其目的尽可能尝试打破把学科和团体进行分类排序。这并不意味着包罗万象，而是简单易用，以符合读者的想法。这不是一个明确的，完全塑封的圣经，而是能给本学科带来新面貌的书籍。它使设计师更深入地了解这样做的动机。在设计过程的研究阶段，使用熟悉的术语作为一个起点，但其目的是重新建立一个中立的基础，并用新术语提供解决方案。需要去除现有条款中带有成见和偏见的部分。我们将挑战现有的规范并提出问题，以激发最初的想法。在每章的末尾，会对此节内容进行总结回顾。

我们并不对人们的心理、行为心理学、性别和性研究、种族研究进行调研，也没有像市场上很多材料那样有深入的应用性科学研究。当然，人们对特定空间中对材料和视觉效果情感和态度的回应方式，对设计师而言非常重要，如果一个项目需要更多的专业研究，那么现在就需要进一步探索。我自己的基础工作就是完全通过我自己的观察来审视人们使用各种空间。这就像对喜剧演员来说，他们的素材源于自己对人的观察。我们作为设计师，必须要有敏感性、好奇心和渴望了解人们在利用室内空间方式的愿望，并用必要的设备，将这些信息存储下来。从自己的亲身生活经验中设计比道听途说或二手来源要好得多。根据我自身的经验，在我们这个时代的设计之敌是：

■ **压缩性**——意味着空间狭小话和设施最小化。

产生最终的解决方案的简化序列

1）概念设计　　　　　　　2）图纸和模型概念设计　　　　3）完整的内部设计（国家自然历史博物馆，位于伦敦）

■ **小型化**——小不一定是答案。

■ **效率**——由经济效益驱使的现代病，小聪明。

■ **时尚**——对趋势和噱头的盲目追求，而对原创思维一叶障目。

■ **妥协**——成为最终的解决方案，但并不是目的。

■ **闭门造车**——"沙发土豆"综合征的一种体现。

■ **公共自满**——没有什么比冷漠和漠不关心更糟。

■ **健康和安全法规**——过于谨慎：冒险应是人类天性的一部分。

显然，通过我在商业工作中的经验，请相信或理解列举的内容，读者因此可能会得出不同的结论。在设计中会有另一个更难解决的敌人，尤其是对一个非常年轻的设计师的设计实践来说，就是长期的设计经验。一个经验丰富的设计师不再是被格式化为使用以往的经验来解决各种设计中存在的问题，而不论设计师在如何努力创新。这也可以影响与客户的关系。随着年龄的增长，这些成为久经考验用起来越来越顺手的方法。在这里我并非指责什么，这完全是很自然的。经验对在风暴中盘旋的船舶的稳定有必要性。但是，当发现安全水域时，航行的机会应该给具有挑战性想法的年轻计师（如果他们已经训练好了）。可能浮出水面的另一个问题是，在成本预算方案实施过程中，经验丰富的设计师的想法会更便宜。年轻设计师的想法可能被证明是更昂贵，因为它需要更多的研究和准备时间，也需要公司为之创建一个新的实施流程模式。一个年轻设计师的成长的最大危险是，如果他或她产生了设计，符合现有公司流程式，那么在这个年轻设计师的职业发展中不会有所成长。我看到很多例子，目前的室内设计，明确地重现过去的技术和理念或仅是表面上做视觉调整。

这里有一些深入的探讨，以帮助我们了解这个复杂的课题：

内部空间决定建筑。

弗兰克·劳埃德·赖特，约 1900 年[3]

所有的建筑空间功能都是潜在存在的，可以是真实或是想象的。建筑能主导人的行为，并能和人的行为产生互动，它可以和人产生对话。[4]

布卢默和摩尔（Bloomer and Moore）

从罗马帝国时代开始，室内空间的形式一直是建筑艺术的主要问题。[5]

西格弗里德·吉迪恩（Sigfield Giedion）

## 给学生的建议

除了任何课程研究外，你需要尽可能地多看多参观各式建筑，以充分理解和欣赏室内空间的物理特性。你应该尝试和寻找能够参观内部施工过程中的机会，这样就可以将实践经验与理论教学相结合。确保你可以拍摄照片，绘制草图和记录笔记。作为一名设计师，你应该随身携带各式装备以完成上述任务，包括卷尺，还可以带着设计任务参观已完成的类似室内空间。要多问建筑物的所有者这栋建筑是谁设计的，是什么时候建成的。你还应该建立一个档案，记录你参观到访过的室内作品，尽量详细地记录信息，包括你自己的意见和建议。这个行为应该在你的整个职业生涯中持之以恒。尽可能与建筑物的使用者们交流，从他们的使用经验中明确他们的意见并取得反馈。

# 第1部分
# 说明

# 第1章 设计行业的现状

## 关于本章

室内设计被设立在那些需要创意设计思维的学科环境下，尽管这些学科可能并没有直接的商业联系。例如：设计一幢大楼和制作一部电影是完全不同的，但参与者的行动和目标可以是相关的。每个学科之间都可以相互借鉴和启发。本章中，在进一步探索该学科前，我们以设置阶段为目的，研究了室内设计的合同关系，并回答了一系列问题：我们为什么选择室内设计作为一种职业；谁制造室内；什么技能是必要的；行业中是如何分工的；室内设计覆盖了哪些行业；设计时的工作顺序。

为了理解室内设计学科中的复杂性和误解，从设计行业中的专业、教育、理论多方面解释它是如何存在的十分必要。我们认识到商业实践是多学科且互相交叉发生的，所以下面的目录最初因简单和清晰而被使用。同样地，现在的设计活动表明公认的界限正在变化，新的学科不断涌现，因此重叠是会发生的。

# 相关专业设计学科

室内设计专业与其他七个主要的三维（3D）设计学科（建筑、产品设计、艺术、戏剧、活动设计、电影和服装纺织）和一个二维（2D）设计学科（平面设计）有着不同程度的参与和互动。（平面设计通常被归纳到 2D 学科下，但也有可能被运用到 3D 环境下。）建筑是主要的学科，简单来说是因为它提供了室内设计能够被实行的空间。电影产业因其最终形式呈现在屏幕上，相较于其他产业而言它可能像个局外者。然而，当我们制作一个由熟悉的日常用品所组成的真实环境时，它的设计者可能来自其他学科。因此，它是唯一一个消费者不能触碰和感受其存在的学科。

设计有时被看作是由时尚所口述的一个短暂课题，所以归根于我们对它的依恋，我认为设计工作的相对寿命值得我们深思。下面的寿命图表展示了产品预期的寿命，而不是实际或可能的寿命。设计学科被总结如下：

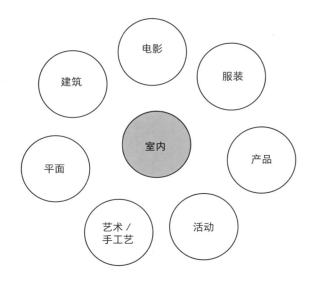

■ **建筑**——建筑由建筑设计师设计和美化，它涵盖了室内设计。建筑的寿命有上百年；翻新后还会给予新生命。
■ **产品设计**——产品的设计从能够手持的物体到摩托车、汽车和家具。从打开到磨损，寿命从几年到几十年不等。

■ **艺术／手工艺**——手工艺品的制作依赖于手工艺人处理材料的技术。而数百年的寿命则取决于这样物体如何被照看。
■ **戏剧**——舞台和位置的设计，涵盖了娱乐的所有形式。寿命从几天到几年取决于这个产品有多成功。
■ **活动设计**——一个在近 30 年来从展览设计中成长出来的专业，包括演唱会、企业活动、声音灯光秀、马戏等。寿命从几天到几星期。
■ **平面设计**——同样也被称为视觉传达和空间传达，涉及标牌、海报、企业形象、包装等。寿命从几周到几年。

寿命图表

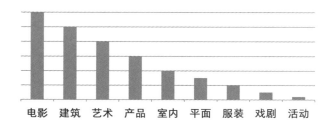

表1 说明了产品生命周期的平均长度，认识到工作中有许多变数

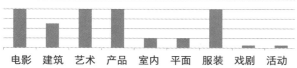

表2 显示了所有权的程度，从完全拥有到暂时拥有，例如付费看一场表演

- **电影**——生产移动或静态的影像为大众所欣赏。寿命：永久，取决于技术。
- **服装／纺织**——为公众生产服装和各式各样的软装，并通过大量零售商和高级时装出售。寿命：几年，取决于使用和保养。
- **室内设计**——老建筑中的室内改造或新建筑的室内设计。寿命：不等，普遍为几年。

# 英国的室内设计教育

过去 30 年发生了很多变化影响了入学要求和学院提供的课程种类。而英国大学曾经必须听命于国家学术奖（CNAA）[1] 理事会或专业的组织机构。但现在它们大多都是独立的，并且可以自己制定教学计划与规则。随着无数的战役和帝国的建立，它们曾变为一堆麻木和没有人情味的地方。我和许多我们这一代的设计师，在学生时代经济上获得过补助金，这使得我能够继续七年不间断地全日制学习（一周 5 天每天 8 小时）并且没有任何债务在身。与现在的学生相比，他们需要面对高额的学费和债务，每星期却只上课几小时。这哪里是进步，我们又如何要求教育出一些与过去同等质量的设计师？

在英国能够获得的主要的学历资格是为期两年的 BTEC[2] 国家设计文凭（在十六岁时进入继续教育学院），其次是一个室内设计方面的国家高等教育文凭（HND）或者一个高等教育院校的三年课程学位。通过了 HND 的学生可以直接进入学位课程的第二年学习。那些离开了学校但有 A-levels 成绩的申请者（年龄为十八岁）可以选择在申请学位课程前学习一年的艺术基础或是直接申请学位课程。我们建议学生先学习基础课程，但遗憾的是大学急于招生，他们不鼓励学生这么做，甚至邀请完成了 A-levels 考试的学生直接来学习学位课程。以我的经验而言，这是一个灾难性的政策，因为它降低了申请者的能力和成熟度，并把师资队伍的建设负担推上了一个难以承受的高度。随后，基础课程便成为一种不重要的选择，将来甚至可能消失。我们现

在需要复兴独立的艺术院校，从而能摆脱沉闷的行政制度和避免成为著名院校下的无名之辈。

室内设计这一学科的理论范围被定义为进行一个知情而详细的研究，这将是这个学科未来地位的基本，也是我写这本书的目的。

# 合同关系

首先我们来看看，简单来说，设计师在工作情境中就如同球场上的主要球员。

### 官方机构

当运行一个室内的合同，首先要从以下地方权威部门和民众（如果可行）获得认可。请参阅第 25 页的作业合同中的顺序。

- **企划部**——允许扩展建筑或改造使用中的建筑。
- **公共卫生部门**——关于修订供水和排水许可。
- **建筑法规部门**——对提出的材料和施工方

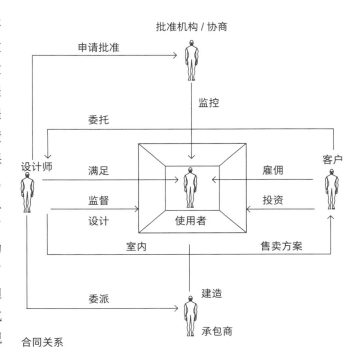

合同关系

法进行许可，以遵守有关规范。

■ **保护建筑许可**[3]——许可改造有重要历史元素的建筑。

■ **当地社区**——人们需要咨询该项目是否会从任何方面影响到他们。

## 客户

客户是指委托项目的个人或组织。

## 承包商

承包商指建造者或装修工，他们会提供一个工头来管理这个项目，并组织供应商和分包商。

## 设计师

设计师负责向客户提交设计方案以及向承包商提供说明书与施工图。

## 设计经理

设计经理（可能本身并不是设计师）是解决所有人的问题和组织人们加入到项目中的专家。

## 用户

用户可以是这个建筑中的居民或拥有者，他们经营和管理这个空间。他也可以是一个访客，一个因其设计目的而利用它的短期使用者。

**图 1** HOK（原 Hellmuth，Obata 和 Kassabaum）的伦敦办公室。项目经理 Eve Chung，2009 年
摄影：Hufton+Crow

## 为什么选择室内设计作为一种职业?

你选择室内设计作为职业的原因也许是以下其中的一条,

- ·或是所有。
- ·你想提高人们的生活质量。
- ·你想丰富建筑,为他们注入新的生命。
- ·你想将自己的艺术技能运用到这一领域。
- ·你想为你的创意和远见寻求一个出口。
- ·你热衷于使用不同的材料。
- ·你喜欢建造和制作东西。
- ·你想淋漓尽致地探索技术。
- ·你喜欢建筑的进程和它的历史
- ·你想赚钱。

很多年轻人选择职业道路时是基于他们在学校的表现,仅仅依靠职业咨询的支持有时是不够的。他们不知道自己真的喜欢哪个专业。上述最后一条是选择成为室内设计师的原因——赚钱——在我看来是最贫穷的一条,却也是很多年轻人告诉我的原因。这或许正反映了那些设计师将设计作为商业来看待,因此也通常缺乏更高质量的设计作品。我会很好地记住以下感言:

功能的概念已被证明社会和文化的平庸所滥用。

塞德里克·普赖斯(Cedric Price),1982 年

设计师是一个施展天赋和技术来满足社会需求的仆人,不要忘了,糟糕的品位才是流行的。[4]

约翰·布莱克(John Blake),1979 年

如今的建筑通过所谓的技术形成它的功能、利益和风格,并美其名曰这些角色都是可变的、短暂的。

彼得·布坎南(Peter Buchanan)"建筑是艺术"
建筑评论,1981 年 2 月

**图 2** 此图为研究访问的例子。这是维也纳 Backhausen 博物馆的室内纺织馆。展出的都是约瑟夫·霍夫曼[5] 的原创作品。图片来自作者

西方世界正面临着被建筑功能、美观和成本淹没的危险,但是成本才是客户们的当务之急。

彼得·霍夫(Peter Hoffer)"新商业主义"建筑评论,1980 年 3 月

## 室内设计师做什么?

这个简洁的大纲告诉了我们室内设计师必须做的事,获得有保障的合同,并得到当地政府的批准。

- ■ 根据计划书明确客户的要求做出方案,研究合同的主题,寻找类似的案例,研究产品、材料和服务。
- ■ **调查**房产的相关研究状况,建筑的特征和通道,并绘制建筑图纸以便工作。
- ■ **设计和规划**事宜的制作或收集,与一支专业的团队一起工作。通过发展以下八个次要的设计概念来发展一个理论方法:规划、三维形态、建设、照明、色彩、材料、流通和建设服务(详见第 2 章末尾第 57 页)。

图3 格兰道尔住宅（Glendower House），小教堂的装修，2002 年，展示了细木工和水泥工的工作。设计师：安东尼·苏利（Anthony Sully）。建筑师：格雷厄姆·弗兰克纳（Graham Frecknall）。图片来自作者

从 8 个次要的设计概念中提炼出一个主要的设计概念。在封闭的建筑中规划能够定义和塑造这个空间的元素并允许空间的流通。设计特制的室内饰物、灯具和照明；特制的家具；以及特制的装饰物或图案。

■ **指定**产品、家具和市场上现有的家具；环境控制和电源、排水口等建筑设备的设计；材料和涂饰；照明装置和开关的布置；如有需要还有信息技术与视听设备。

■ 和项目经理与工头一起在施工现场监督。

## 谁制造并有助于室内的制造？

建造一个室内的专家可以被分为六种：

1. 由物件来定义的部件和产品制造商：门、窗、楼梯、顶棚、五金器件、家具和其他轻型结构。

2. 由功能和效果来定义的材料制造商和零件生产商：石膏、混凝土、玻璃、木头、金属、砖、石材、塑料、面料、装饰涂料等。

3. 工匠：在某些材料上的行家，制作一次性的产品，通常收取佣金，制作范围从艺术品到家具、织物、灯具和许多其他产品。

4. 建筑设备：机械和电气工程师、组件供应商和制造商、通讯、供暖、通风、给水排水和安全系统。

5. 装配 / 施工——安装和装修：建筑承包商、结构工程师、装配工和辅助交易。

6. 项目经理——进行现场控制：通常为建筑承包商或是指定的专人。

相关的专业人士体现了团队合作的本质，具体如下所示：

■ **建筑师**——负责建筑设计。

■ **结构工程师**——负责结构设计。

■ **设备工程师**——负责房屋的设备设计和信息技术。

■ **勘测员**——负责现场的勘测，包括建设条件和设备。

■ **家具顾问和视听专家。**

■ **物业顾问**——对场地有专业知识和管理方面的专业技能。

■ **咨询顾问。**

■ **房地产经理**——通常和物业顾问一起工作。

■ **设施经理**——负责办公室管理。

■ **景观顾问**——负责外部的硬景和软景设计。

■ **保护人员 / 小组**——关注场地上宝贵的历史部分的保存和维护。

■ **地方政府**——监测标准和审批建造的申请。

■ **其他专业设计师**——例如平面、家具、纺织品和产品设计师。

■ **空间规划师**——专长于办公室设计的室内设计师。

任何人都会把一个与墙壁平行的走廊想象成一个静态的棱镜，而不是第一反应到与建筑有关的事物。即使到达的空间——客厅、书房或卧室——不是完全静态的。它们一定促进了人际交往、智力的紧张或者是在睡眠后醒来。生活总是充满着意外。[6]

布鲁诺·赛维（Bruno Zevi）

## 什么是一个室内设计师的主要技能和品质？

大家都认为，与许多设计专业一样，室内设计学科是由那些以商业为模式，在某些方面专业从事于设计过程的人所组成。这一部分主要讲述设计师创造性的作用（"在设计行业中谁与室内设计师共同承担责任？"在第 25 页将会阐述所有协助这一进程的其他专业）。作为孩子，因为成长的需要，我们被教导如何处事。当时我们十分感激，在完成任务时会展露出我们的满足。渐渐地，当我们达到了一个年龄，就会因以下原因开始质疑我们所学的东西：

· 我们认为可能会有一个更好的方法去处理。

· 我们认为有一个不同的处理方法 —— 而这需要试验。

· 因为思想十足的叛逆，我们不认同权威。

· 我们自发地去研究事物。

这些特征都是创新精神的起源，通过自身利益对艺术的推广和他人的鼓励，我们成为有创造性的人类。然后，我们确保一个能获得所选专业知识的教育途径。

要成为一个成功的室内设计师需要一定程度的个人素质和技能，如下图所示：

---

**室内设计师：个人规范**

**动机与承诺**

· 要有改变、修复和改善环境的欲望。

· 要成为一个能够追逐自我梦想同时也能满足客户的梦想家。

· 要具有良好的管理能力。

· 要在工作中认识到表达的力量和方法。

**全面的方法**

· 要敏锐地对待人们的需求并且提出恰当的问题。

· 要创造性地保持动力。

· 要关注到质量和成本，做出强有力的价值判断来符合预算。

· 要有良好的口头与书面沟通技巧和一个明确的目标。

**组织能力**

· 要有能够处理大量材料、产品和设备的能力，以及能够足智多谋地得到它们。

· 要组织和存储大量参考信息并在必要时使用。

· 要成为团队的成员——与其他同事和顾问一起合作。

· 要能够在最后期限前完成一个项目。

**动手能力**

· 能够胜任处理三维构成、空间、颜色和结构。

· 对材料有一定的感知并把它们组合到一起——建设。

· 要精通手绘和计算机辅助设计（CAD）。

· 因两个原因而起草画图：从构思到完成能够方便自己的设计过程；以及辅助方案的沟通与展示。

· 学会最新的技术／图形辅助来帮助设计进程和展示（如：CAD）。

· 有较强的分析和解决问题的能力。

他一部分的工作是为人们创造健康的建筑，所以他必须了解一些生物学。如他所期望的那样，人们能够幸福地生活在建筑中，他还必须了解一些心理学。[7]

斯文·赫塞尔格伦（Sven Hesselgren）

## 设计师根据什么样的理论基础工作？

这里有一个设计公司的理念：

Nema workshops 工作室是一个建筑师、设计师和思想家的团队，他们创造空间概念上的创新并对文化与社会环境高度敏感。工作室通过研究和头脑风暴的方法来取得项目并反复工作直到团队有了一个单一且凝聚的概念。这个过程是一个非线性的方法，坚持信念好的创意也许就会来自意想不到的地方。最终，设计挑战了建筑类型学，展示了敏锐的文化意识，并提出原始的空间概念。

以下清单中所列的项目都是建议准备设计工作的方法，提供支撑动手能力的思维过程，以及最后确保设计师的知识与哲学立场能够履行一个室内设计师的职责。

### 清单：设计任务

**解决问题**
· 对客户的要求做一个解释分析。
· 对基地和建筑（环境）——空间的固有特性、光线和形式做一个分析。
· 合成数据和观察记录。
· 评估所有准备的信息并与其他类别的理论相结合。

**三维形式**
· 考虑形式和空间的处理。
· 研究几何定律和原理。
· 考虑比例。

**人类形态**
· 考虑解剖、生理和心理特征。
· 参考人体测量学和人机工程学。
· 参考人在室内的行为——动作姿势和反应。

**表现**
· 为项目准备概念方案（详见第 2 章第 57 页）
· 形成一个表达客户身份的基础。
· 形成一个表达材料和结构的基础。
· 形成丰富的灯光照明基础。
· 从你自己的文化、社会和政治气候借鉴。
· 参考你的个人理论和哲学思想。

**感知**
· 代替用户，使用你自己的视觉心理学知识。
· 在自己的设计中运用到感知理论。

**哲学**
· 确认自己的信念和信仰，明确你在做什么和你为什么正在做它。

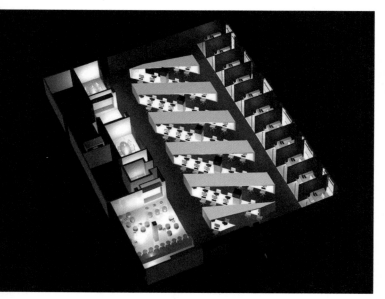

图4 Groupsoft 的办公室，由 Nemaworkshops 工作室设计，2010 年，营造了对角线相连的形式

# 在设计行业中谁与室内设计共同承担责任？

以下分类阐明了谁参与了整个设计过程。[8]人们在一个以上的领域中拥有技能，在设计进程中人员的划分具有一定的流动性。如果这些分类被教育和专业机构认可，人们可以根据这些分类进行培训，参与者会有一个比目前更好的交流。我的观点是新的学位课程或许可以与这种关系结合。

虽然我们需要的是娴熟的设计师，但我们也需要大量懂得设计的人——如何委托和使用设计。在许多领域，糟糕的设计理解会导致糟糕的决定，不仅在建设环境的管理上影响着我们所有人。

英国设计委员会[9]就职报告 2011：重启英国设计教育和成长

图 5　参观展览提供持续的研究资源和交流的手段

## 设计师

设计是对政府、企业、商业和社会作出重要贡献，设计师提供专业知识有助于环境质量的形成和确定。设计师的目标是通过形成社会责任来服务社会并意识到他们的工作对社会福利产生的作用和影响。设计师本质上是问题解决者、分析师和传播者。

设计师中的典范有：特伦斯·考伦（Terence Conran）、伊娃·伊日奇纳 Eva Jiřičná、菲利普·斯塔克（Philippe Starck）、本·凯利（Ben Kelly）和约翰·乌特勒姆（John Outeam）。专业的机构包括了英国特许设计师协会与英国室内设计协会。

## 加工者

这些人参与了与生产有关的内部行政、管理、营销、研发和采购活动。

- **专业研究**——识别和整理历史数据信息，目前的市场状况和其他竞争者，未来趋势，材料的可用性，法律问题和产品以及技术资料。
- **经理**——通过确保公司、客户和相关机构间的交流来负责质量控制。他们同时还监管项目工程和预算。
- **采购员**——采购员（例如：在零售中）负责确保材料和商品在合理的价格中并根据合同的计划交付。他们擅长于质量的选择和对适当性的评估。
- **营销经理**——关注推广符合国家和全球机遇的设计服务并销售设计服务。

加工公司的典范有：Headlight Vision，Fitch，BDG McColl，G2 和奥美。专业机构包括特许营销学会、管理协会和广告学会。

## 生产商

在制造业、建筑业、手工业和装配中的"制造者"。在第 22 页提到了"谁制造并且有助于室内的制造？"在这一领域中的企业典范有：Costain，GS Contracts 和 Thornton Project Solutions。专业的团体包括了各种建筑、工程、商业和手工业的机构。

### 评论家

这些人从行业发展的角度提供了急需的评论、意见、观点、现状与未来趋势。他们也许是设计师、记者、演说家、作家或历史学家。他们对设计师极具影响力，提供了富有灵感的信息，同时也启发公众激发争论。

评论家中的典范有：史蒂芬·贝利，迪耶·萨迪奇，彭妮·斯帕克，詹姆士·沃德海森，乔纳森·葛兰西和彼得·布坎南。专业的机构包括：艺术史学家协会、设计历史学会、专业承包组（PCG）和国际新闻工作者联合会。

## 室内设计覆盖了哪些领域？

所有建筑都有室内。大多数公共建筑都有经专业设计过的室内，但一些建筑有了固定的形式所以并不需要设计师灵巧的技术。一些室内空间被设计为"叙事"的形式，以此来展开一个故事：这通常运用到博物馆和展示空间上。下面的列表中包含了一些工作中最热门的领域：

- **住宅**——别墅和公寓。
- **招待所和酒店**——从大酒店到旅舍。
- **商业**——写字楼、展厅和工作室。
- **教育**——学校、学院和大学。
- **工业**——工厂、车间、农业建筑和发电站。
- **零售**——高街商店、百货公司、商场和市集。
- **运动和休闲**——游泳池、体育和娱乐场体育场馆、展馆和溜冰场。
- **娱乐**——赌场、舞厅、夜总会、歌剧院、电影院和音乐厅。

- **礼仪式的**——教堂、小礼拜堂和任务厅。
- **社区**——社区中心、青少年俱乐部和运动场建筑。
- **休息**——酒吧、咖啡馆和餐馆。
- **市政**——城镇厅、法院、市政厅和图书馆。
- **文化遗产**——博物馆、旅游相关的建筑物、古代历史建筑。
- **医疗**——医院、诊所和医疗实践。
- **活动**——展览，零时性和永久性的推广活动。
- **公共交通**——公交站、火车站、机场、码头和航运港口。
- **改造机构**——监狱、拘留中心和青少年罪犯机构。
- **保护部队**——警察、陆军、海军、空军和消防队。

图 6　位于雅加达的蓝苹果冰冻酸奶咖啡厅。Budi Pradono 事务所（Budi Pradono Architects），2009 年。漂浮着的云状顶棚。营造了一个非常像酸奶的氛围

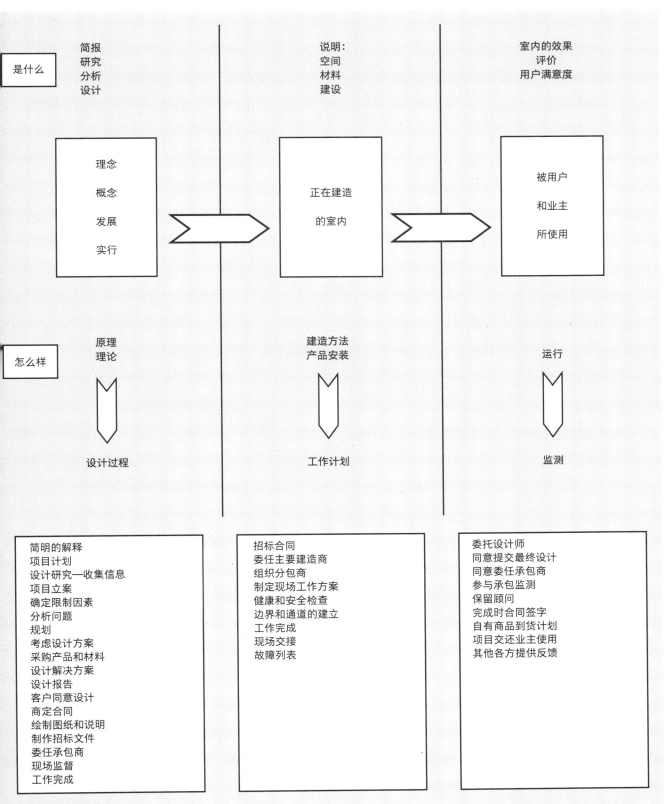

是什么

简报
研究
分析
设计

说明:
空间
材料
建设

室内的效果
评价
用户满意度

理念

概念

发展

实行

正在建造

的室内

被用户

和业主

所使用

怎么样

原理
理论

建造方法
产品安装

运行

设计过程

工作计划

监测

简明的解释
项目计划
设计研究—收集信息
项目立案
确定限制因素
分析问题
规划
考虑设计方案
采购产品和材料
设计解决方案
设计报告
客户同意设计
商定合同
绘制图纸和说明
制作招标文件
委任承包商
现场监督
工作完成

招标合同
委任主要建造商
组织分包商
制定现场工作方案
健康和安全检查
边界和通道的建立
工作完成
现场交接
故障列表

委托设计师
同意提交最终设计
同意委任承包商
参与承包监测
保留顾问
完成时合同签字
自有商品到货计划
项目交还业主使用
其他各方提供反馈

工作中的作业顺序

## 什么是工作的作业顺序?

下一页的图表中同时展示了纵向和水平的顺序，是从设计师接到客户的简报开始直到完成一个室内的设计这一过程中总结出的要点。其中有三个重叠的阶段:

- **设计过程**——设计师经历从开始到完成的阶段，初始阶段包括团队的形成，也许其中还包括了外部顾问，例如机械和电气工程师（M&E）。

- **工作日程**——工作日程是时间节点表，由建筑工长管理以确保合同顺利的执行。当设计师和承包商审视完工作后，会列出一个故障列表记载所有工艺上的缺陷和未完成的工作，这些工作将会被放在一个商定后的恰当时间表中。

- **监测**——与客户保持联系以便他们协助项目并对所需要的物品作出决定。在交付使用后的最初几个月里，客户会给设计师提供重要的反馈，以让他们确保一切正常。

设计是规划、组织、秩序、联系和控制。总之，它包含了一切反对混乱和事故的手段。因此，它代表了人类的需求，符合了人们的思想和行为。[10]

约瑟夫·阿尔伯斯（Josef Albers）

## 回顾

作为一个设计师，这一章的信息在几个方面都对你有用。

对于设计团队，它明确了个人角色，有助于在实践中的沟通和结合，并协助进行战略报告和市场营销。

从你的角度，它可以帮助你提高行业内客户的信心，增进合作伙伴关系的发展，并强化了你对周边问题的理解。

对于建筑的使用者，它促进了更有效的解决方法，使他们对于如何满足客户的需求有了更深的了解，同时也更明确了你的使命感。

对于施工者和安装者，它帮助你意识到良好的沟通信息的重要性并帮助你成为一个好的队员。你清晰和恰当的指示与命令会得到赞扬，同时你的项目监测和监督能力会得到增强。

# 第 2 章　术语的定义

## 关于本章

本章概述了就业的方向，然后简单地分析了室内设计的九个基本要素。在考虑细节之前先将大体的概念术语弄清楚是十分重要的。人们对这些要素在室内设计中的功能进行了分析和定义。我们提出了各种各样的子群以确保对每个元素的范围都能够有个全面的理解。在设计师想出首要理念并呈现给客户之前还有八个要素需要去探索。

## 就业方向

知道这个行业里存在着哪些工作机会对学生来说是至关重要的。这个专业涉及很多职业种类。从建筑的设计或改建到室内装修或家具定制。那些对手工制作或是适用装饰技能有兴趣的同学，下面的内容中可能就包含了适合你的职业路线。

要选择为谁而工作，学生必须先学会辨别设计师的作品。学生需要学会辨认出那些有着完整理念、深刻含义，并与建筑最高理想相关联的建筑和艺术作品。不幸的是，学室内设计专业的学生往往会被各种各样的派系困扰着，这些派系都声称会创造出高品质的室内空间，给使用它人们带来享受（从今以后称为用户），然而事实上，这些室内空间的设计往往是最糟糕的一类。现在的问题就是这个行业很容易有一些外行人或是 DIY 行业的人混进来。而且在英国还有电视节目的推广，例如房间改造（Changing Rooms），让人们觉得他们只需要用一些现成的产品和服务设施就能改造他们的住宅或办公室。

除了这些，我还要学会区分室内装饰和室内设计。室内装饰不会像室内设计那样在建筑结构上做改变。室内装饰会提供出色的合同服务，甚至考虑到最后详细的室内家具情况。然而，如果装饰变成室内设计的全部就会出问题——最终的结果就是装饰元素使用过度，同时缺乏实质上的设计：家具的选择和陈设缺乏协调性。

### 工作范围

正如我们在第 1 章中看到的，这个学科的工作范围是非常广泛的，并且和建筑师一样，许多设计师觉得自己是专门从事于这个行业的。这是因为他们都因过去的一些杰出项目而获得了一定的声誉，或者进行了一些研究，建立了这个行业的一些基础理论，这意味着他们比同行做了更多的准备，可以更好地完成工作。

这些年来，这个行业涉及越来越多的学科，超出了室内设计师、平面设计师、家具设计师、工程师和建筑师的知识范畴，只有这些人都配合起来完成一样事情，才能提高效率。他们可以为客户提高更便捷的服务方式，但却不一定能保证质量。一个设计师可能为以下类型的雇主工作：

- **专业设计团队**——由设计师和支撑团队组成。
- **建筑师**——可能是各个学科的。
- **大公司**——作为内部建筑师或是设计部门的一员工作 [ 对于像英国鞋公司（the British Shoe Corporation）或是约翰·刘易斯零售（John Lewis Retail）那样的公司 ]。
- **地方当局**——例如一个县或镇的委员会。在建筑部门工作。
- **建筑承包商**——例如科斯塔因或泰勒伍德罗（Costain or Taylor Woodrow）。
- **你自己**——作为自由职业者工作。

不论是什么方向的设计业务，都需要拥有杰出技能和理解力的人才，来照顾、维护、转换或提升我们的建筑物的内部空间。为了能够更加专业地达成这些目标，室内设计师要学会在理论和哲学上不断完善自我，来完成必需的设计工作，自信将最终设计方案的理由呈献给客户。这本书详细审查了这些职责，首先分析了那些形成了室内空间的室内设计基本要素。

# 室内设计要素

室内设计的要素并不是指一些艺术上的视觉元素，例如图形、线条、色彩和纹理。一套理论体系的建立对我自己的教学目标和职业生涯来说是必不可少的，同时我有很多灵感来源，我已经开发出属于自己的术语来描述和分析不同群体的研究领域，只是我教学时发现我们正缺乏这样一套专业术语。一个有用的术语，需要被人们所理解，并且对确保清晰的沟通至关重要。

后面列出的室内设计的 9 个要素（环境；空间；光线；地平面；围合结构；支撑；展示；存储和工作台面），是我所认为的室内空间的关键部分，室内设计师通过对这些要素的三维控制，来完成一个设计。这些基本要素概括起来分为四个方面：

1. 环境；
2. 空间；
3. 三维（3D）；
4. 二维（2D）。

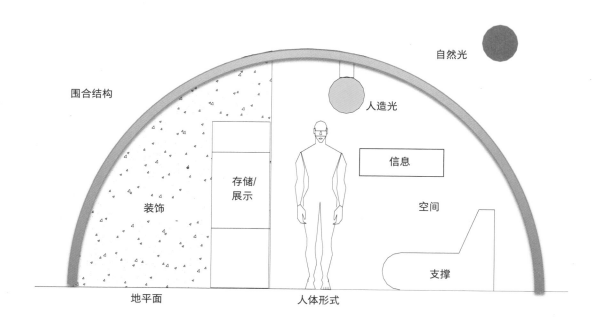

| 要素 | 他们是什么? | 影响/用途 |
|---|---|---|
| 1.<br>环境 | 自然环境和改造的环境。理解我们所做的和自然环境之间的关系是十分重要的。 | 融合两者,和谐。 |
| 2.<br>空间 | 空气、瓦斯、烟、薄雾、尘雾。空间是处理起来最困难的要素,因为它是固体形成的结果。 | 看到室内空间的距离、景象和主要影响。 |
| 光线 | 人造的或是自然的,工作用的或是装饰用的。照明是复杂的并且可控的变化。 | 强调视觉焦点。 |
| 3.<br>地平面 | 平坦的、倾斜的、起伏波动的、有台阶的。包含不同的层级。 | 坚硬的、柔软的、光滑的、行走、运输。 |
| 围合结构 | 结构、形式、开口、入口、出口、分区。主要建筑形态和空间的细分。 | 遮蔽、保护、连接。 |
| 支撑 | 为了:基座、保持、悬挂、横躺、依靠。<br>通常被称为家具,但是用于支撑人体。 | 休息、工作、娱乐。 |
| 展示/存储和工作台面 | 物体——2D和3D,视觉或应用需求。<br>通常在家具里面。 | 识别、提醒、关联、工作、参考。 |
| 4.<br>装饰 | 实用的或是整体的结构。不是突发奇想决定的。 | 计划完成、情境 |
| 信息 | 图形、标识、时间。交流沟通。 | 内容、信息、方向性 |

室内设计要素

房屋设备(包括供暖、通风、通讯、信息技术、安保、供水和排水)不在这些要素的范畴中,因为它们通常是设计的结果,并且是对上述要素的一种协调。但另一方面,如果一个房屋的设备系统确实对设计的任何一个要素产生了影响,那么它也应该被算作要素之一。

截面的简图(左边)象征性地说明了除了环境以外的所有基本要素(包括人体),并且这适用于所有室内空间。所有的室内空间都可以通过分析,然后分解成这些要素。当一个设计师正在做一个设计的时候,所有这些要素都必须被充分的研究,以策划出一个战略性的方式。这些要素被用来塑造空间并决定人对空间的需求,人们将在这样一个空间里进行各种各样的活动。我们的目的是树立八大理念(在这章的末尾会有详细叙述),最终发展为决定性的设计理念,然后被修改成最终呈献给客户的设计方案。

## 要素 1：环境

### 对我们改造发展的评论

从一开始人类就开始改造自然环境，以适应一代人对生活、工作和娱乐方式变化的需求。巴克敏斯特·富勒（Buckminster Fuller）[1] 证明了由于我们的社会发展的方式，我们面临着与自然失去联系的危机，这不利于未来的发展。通过他自己的作品，他尝试使这些公共要素重新统一，承认我们在这个星球上的自然联系。这栋节能房屋（Dymaxion House）建于 1929 年，是通过工业方法例如钢铁和铝，设计出的一个大规模生产住宅。富勒试图使用自然中原有的几何图形来达到与自然的和谐统一。

下面的语录创建并维持了我们与自然的根本联系。

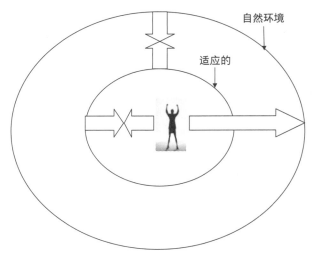

图中展现了生物之间的互动，改造的环境和自然环境——融合

图 7　人工气候室（The Climatron），巴克敏斯特·富勒的专利设计，是世界上第一个圆顶温室，1960 年。建筑师：墨菲和麦基（Murphy and Mackey）。维基共享特许。图片：Jet Lowe

… 是古代宗教科学的本质，并且它的建筑一直在追求人与维持生物圈的力量之间的统一，这句话不仅是字面上的意思，还有象征意义，人也是这个生物圈的一部分。[2]

劳伦斯·布莱尔（Lawrence Blair）

精神分析学和人类学给我们的教育和警示是：人类在发展文明的过程中已经失去了一些基本的价值，时间和空间的统一的感觉、游牧生活的自由、向着远方地平线任意游荡的快乐。我们能够且必须恢复这些价值。[3]

布鲁诺·塞维（Bruno Zevi）

人独自生活在这样一个超越环境的局限性的时代：过去的世界，现在的和将来可能的；或者，只要你想要，真实的、意识的，以及可实现的。一旦他失去这些维度的体验，他将把自己从现实中剥离。[4]

刘易斯·芒福德（Lewis Mumford）

马丁·波利[5]（Martin Pawley）的书《个人的未来》（The Private Future），出版于1973年，书中陈述了他对社会的预言，在这样一个社会中有着前所未有的交流科技，但交流却变得越来越孤立，越来越不正常。因为我们是在经营一个不断流淌的空间—时间，我们必须对不同时代的设计演变保持敏感。我们对城市、镇、乡村的设计以及运输工具的设计是人类改造自然的一种体现。室内设计师的工作就是进一步继续这个改造的过程。

阿摩斯·拉普卜特（Amos Rapoport）[6]强调了人与自然的关系，他将历史发展过程中人对自然的不同态度分成了三个级别：

1. 宗教和宇宙学 ——环境是一切的主宰，人不如自然。

2. 共生—— 人与自然是平等的，并且人认为自己应该在地球和自然上向上帝负责，人把自己当作自然的管理者和监护者。

3. 剥削利用 ——人是自然的完成者和修正者，然后发展成创造者，最终变成环境的破坏者。

## 从里到外

这个城市的环境建设包括建筑、街道和开放空间。罗伯特·文丘里（Robert Venturi）[7]谈了谈建筑物的内部和外部之间的矛盾。他还阐述了一些不同的理论，例如"里面应该表示在外面"，或者室内和室外可以通过一种叫作"单行线"的方式分离开来。这种室内与室外的分离可以是不同程度的，布鲁克和斯托内[8]通过进一步的分析，分解成了下面的几部分：

## 相应内部：从现有的建筑特性中得到启发
- **干预**——对现有特性的新补充。
- **插入**——与原始建筑完全区分开来。
- **更新**——允许现存建筑和新增部分独立存在。

## 独立内部：新的设计强烈维护在现存建筑中的主权
- **伪装** —— 将围墙像贝壳一样伪装起来。
- **组合** —— 普通的空间中包含着一些相互关联的物体。
- **结合** —— 将伪装和组合结合在一起。

一些描述我们对建筑处理方式的常见术语：
- **改建**——意味着用途上的改变。
- **整修**——对现有功能一次彻底的翻新。
- **修复**——重建和更新建筑的一些部分，以继续使用。
- **重建**——进行一次彻底的改变，影响了建筑的生命。
- **翻新**——使用最新的科技加强未来的性能。

因为我们与自然之间的联系，我们自然会想要在室内设计中强调这种联系，通过使用有机材料、生机勃勃的植物以及其他任何资源来完善这种联系。

## 要素 2: 空间

> 形态是不受物理范围限制的。形态形成并塑造了空间。今天我们再一次意识到形状、表面和平面不仅仅是为塑造内部空间而服务的。它们彻底超越了它们实际的测量范围,体积的组成元素自由地存在于开放的空间中。[9]

希格弗莱德·吉迪恩(Sigfried Giedion)

可以说之前列出的要素都在以这样或那样的方式争夺注意力。

处理起来最困难的就是空间,因为它不像其他要素是有形的。这不是那种物质的东西,可以去规划、塑造或是在工厂里制造。在一个室内空间的规划概念中,八个小的理念会在本章的后面部分提出(规划、流通、照明、服务、三维、施工、材料和色彩;见第 57 页),这八个理念应该通过设计来不断协调。因此如何去定义一个空间?空间可以按照给使用者带来的影响来考虑和描述。下面是根据二元性选择的一些案例。

### 二元 / 对立空间的类型

**压缩的**
图8 儿童床以及娱乐区域。H2O 建筑(H2O architects),巴黎,2009 年。图片:斯特凡·沙尔莫(Stéphane Chalmeau)

**广阔的**
图9 英国航空公司在盖特威克机场(Gatwick aircraft)的一次活动:飞机库,1988 年。图片经由想象力(Imagination)提供,伦敦

**自由的**
图10 旋转木马衣帽架(Merry-Go-Round Coat Rack),博曼斯美术馆(Museum Boijmans Van Beuningen)入口处,鹿特丹港市。由 Wieke Somers 工作室设计(Studio Wieke Somers),2009 年

**有限制的**
图11 莫斯科的一间公寓,彼得·科斯特洛(Peter Kostelov),2009 年

**高的**

**图 12** 主要法院（The Great Court），英国博物馆（British Museum）。福斯特建筑事务所（Foster + Partners），2000 年。中庭类型的空间。图片经由英国博物馆提供

**低的**

**图 13** 英国化学工业公司办公室（ICI offices），伦敦。迪尔尼·谢恩（Tilney Shane），2001 年

**亮的**

**图 14** 意大利服装品牌史帝文丽（Stefanel）的一家店，汉堡市，2009 年。一个整体效果，而不是局部的特写

**暗的**

**图 15** 齐默餐厅（Zimzum restaurant），伦敦。迪尔尼·谢恩（Tilney Shane），2003 年

**有机的**

**图 16** 里昂—托拉车站(Lyon-Satolas Station)。圣地亚哥·卡拉特拉瓦（Santiago Calatrava），1994 年。灵感来自一个自然形态。图片由 Tom Godber 提供

**线型的**

**图 17** DIY 商店，图片来自作者

**公共的**

**图18** 赞德沃特马戏团（Circus Zandvoort）青年娱乐中心，荷兰。舒尔德·索特思（Sjoerd Soeters），1991 年。图片：Viewfinders/Koos Baaij

**私人的**

**图19** 套间主浴室，格兰道尔住宅（Glendower House），蒙默思郡。安东尼·萨伦伯格（Anthony Sully），2002年。图片：格拉摩根大学媒体服务 LCSF

上面所列出的空间类型——压缩的／广阔的，自由的／有限制的，高的／低的，亮的／暗的，有机的／线型的，公共的／私人的——是由围墙和围墙内的物体决定的。我们会用下面的术语来描述空间：

- **控制的程度**——通过对外围墙面、地板和天花板的规划是空间完全分离，或者部分分离，与其他空间联通。
- **边缘**——由所有室内空间的外围部分直观地决定。
- **边界**——定义活动区域。
- **领域**——由在这个空间内进行的活动名称来定义。
- **环境**——建筑和周边场所的总称。
- **流通模式**——在空间中移动或使用空间的人的行动路线。
- **中心**——空间的心脏。

主要的二元性是物理质量和空间。如果一个实体设计得没有空间感，那么这就是最大的败笔，好像空间感不太重要似的。

我们对室内空间的感觉，不仅仅是取决于一个空的空间，而是在于空间与空间中物体的相互作用；正是这些物体，赋予了空间特定的品质，特定的形状，以及空间的统一性。[10]

马尔纳和沃德沃卡（Malnar and Vodvarka）

## 空间的区别性特征

空间的区别性特征如下：

- **品质**——由区别性特征、个性产生。
- **目的**——由进行的活动来定义。
- **影响**——给用户带来的印象。
- **气氛**——用户与空间关系的总体感觉。
- **风格**——通过比较得到的对这个地方的一个及时的判断。
- **情绪**——影响使用态度和精神的质量。
- **质量**——对完成品标准的测量。
- **审美**——对形状、颜色和材料视觉安排的评判。
- **规模**——空间的规模和影响。
- **高度**——分级利用空间。

马尔纳和沃德沃卡（Malnar and Vodvarka）根据人类的行为探讨了空间的区分：

- **绝对空间**——一个整齐、清晰的视图。
- **物体空间**——有存在的物体定义。
- **中心主体空间**——触觉的体验、感受和记忆。

他们还介绍了霍尔的理论（Hall's theories）[11]有关空间组织的内容：

- **以后的文化**——扎根于我们过去的生物；潜在的文化。
- **以前的文化**——感知的生理基础，与结构和意义有关。
- **微文化**——个人和群体活动的组织。

在社会层面的场合上，空间既可以组合为非正式的，（休闲功能，没有着装要求，对出席的人不做任何要求）也可以是正式的（通常会有穿着要求，出席来宾都是有一定作用的）。

诺伯舒兹（Norberg-Schulz）更多地把室内看作是一个"地方"而不是"空间"。虽然这一观点已在学术界普及，但我认为这两个词还是有区别的，它们有着不同的含义。对我来说，一个地方是城市或乡村环境的一部分，没有明确的边界，但根据某个特定的活动或是一个人的记忆，会有深刻的关联意义；然而空间通常是指建筑的内部，有着明确的边界。因此形容词"空间的"这个派生出来的定义词语对室内设计师来说是术语中十分重要的一个。

# 要素 3：光线

## 自然光

自然光最主要的来源是太阳，给我们带来了温暖以及心理上的享受，还有助于补充维生素 D。室内设计师通常是对已经设计好光线开口的建筑进行设计。这些可以根据使用者的需求来改变或增加。

## 测量

当日光可以照进建筑里，并且没有任何人造光存在的情况下，我们就可以测量采光系数，这是从室内光线级别到阴天时室外光线级别的一个比例系数 [ 勒克斯（lux level）]。

## 方向

根据一天中太阳的运动和太阳光线进入室内的角度来确定建筑的方向是十分重要的。根据手头上的项目，我们需要对会有多少阳光能照进室内以及晴天或阴天带来的影响进行评估。通常在办公室里，计算机的屏幕都不能对着窗户，因为反光会影响屏幕的可见度。这会给办公室的布局带来影响。

## 控制

通过传感器响应来控制窗帘或百叶窗，现在有很多方法来控制日光照进建筑。传统意义上，日光的量是通过窗帘和百叶窗或内部百叶窗来调整的。

下面的案例显示了一个内部佐治亚风格（Georgian）[12] 百叶窗的巧妙的解决方案。它的两侧各有一个延伸，可以折叠在一起，并且安装有铰链，让它可以回到窗户两侧的凹槽处。在这里他们似乎将室内剩下的部分都并入到墙面镶板里，这就是他们的秘诀。当它们交叉在窗外，一个钢轴条落在支架上，把窗户锁紧——一个可以追溯到中世纪的绝妙安全装置。

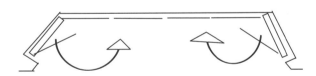

上方，佐治亚风格可折叠百叶窗平面图。

图20 佐治亚风格窗户。经由沃切特保护协会（Watchet Conservation）提供

## 人造光

建筑需要一些照明设施，以弥补白天自然光的不足，并在夜晚提供光线。各种各样的工作环境都需要光线；如果是在桌面上，则称作"工作台"。各种各样的台灯或是照明设施都可以作为光线的来源，光线的特性是按照亮度、对比度、耀眼程度、视觉效果和颜色来分类；并且可以用滤光片、柔光镜和遮光罩来突出这些特性。

光线有六个基本功能：总体或环境照明、工作照明、装饰或特效照明、定向或重点照明、信息照明，以及作为装饰焦点的照明。

**总体或环境照明**
**图 21** 威利斯、费伯和杜马斯公司办公楼（Willis, Faber, Dumas）。福斯特建筑事务所（Foster + Partners），1975 年。
图片：Tim Street Porter

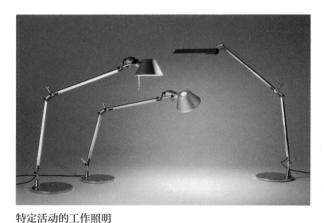

**特定活动的工作照明**
**图 22** 阿特米德托洛梅奥（ArtemideTolomeo）生产的台灯

**装饰或特效照明**
**图 23** 开关餐厅（Switch Restaurant），迪拜，阿联酋。卡里姆·拉希德（Karim Rashid），2009 年。灯光可以变成各种颜色

**定向或重点照明**
**图 24** 金贝尔艺术博物馆（Kimbell Art Museum），沃思堡，得克萨斯州，美国。由路易斯·卡恩（Louis Kahn）设计，1972 年。
图片：Andreas Praefcke，维基共享

**信息照明**
**图 25** 伦敦白色别墅酒店（White Villa）照明标志

**作为装饰焦点的照明**
图 26 托德·布歇尔（Tord Boontje）Artecnica 设计工作室
设计的代达罗斯台灯，2007 年

除了上述的功能外，还需要了解下面的三个方面。

## 测量

一个灯具所输出的光线是通过流明的级别（或光通量）来测量的。光源会被标上流明的额定输出功率，这是按照每平方米的流明量来确定的。

## 控制

常见的灯有白炽灯、荧光灯、HID（高强度放电，例如汞蒸气、金属卤化物或高压钠）或 LED 灯，不过只有白炽灯或 HID 灯会用在聚光灯布置中。覆盖灯具的装置是按照特定的安装方法来设计的，并且在室内有着特定的位置。因为灯具风格和效果的多样性，它可以适用于许多不同类型的设计方案。其他可用的光源类型有霓虹灯、冷阴极荧光灯管、光纤和激光。照明可以通过计算机控制的程序化设置来改变强度、颜色和频率。

## 设计理念

在设计过程中一定会考虑到光线。照明带来的影响取决于空间的类型以及反射面。照明并不是一个让空间活起来的"附加"特征；它应该被当作是随着空间三维元素的发展而产生的一种集成方式。考虑什么是需要被照明的并按照这个来规划。照明设计的发展阶段如下：

1. 根据客户的需求来建立要求。
2. 确定照明的目的以及所需的照明效果（见前面的案例）。
3. 根据空间大小和反射面确定所需的灯光数量。
4. 决定灯安装的类型——固定、可调、可移动或隐藏。
5. 研究照明装置，可以给出预期的效果。
6. 考虑可能的位置——墙壁、地板、天花板、家具。
7. 根据在墙壁、地板或天花板的位置，来匹配合适的固定方法。
8. 规划照明控制的位置。

# 要素 4：地平面

这是一个景观的文化构建元素，并且转变成重要的永久性标志以及历史的见证、经验和价值。[13]

迈克尔·帕克皮尔森（Michael Parker Pearson）

## 历史发展

地平面是我们行走的表面。在建筑中它是指地板、台阶或扶梯。当我们处于不同的地方，自然地形也是起伏多变的。早期的人类为了生存，必须学会攀岩、奔跑并且很会运动。通过人类对地球的适应，我们建筑环境的演化引起了许多观察研究，正如芒福德简述的那样：

人类发展的道路从感觉到意义，从外部条件到内部条件，从自动到自主。因此那些在历史的开始迎接我们的被环境困扰的可怜生物逐渐成为他自己性格的塑造者，自己命运的创造者。但只有一点……因为无数的危险和挫折使我们的自控能力不断增强：人的内在和外在都是一种自然力量的运动，有时候人会回避这种力量，但从不会让这种力量彻底消失。骄傲使他犯错；理由使他失去勇气。甚至是人的精明，努力去摆脱自然的控制可能还会适得其反：在这个战胜自然的时代，他还会无助地从自主倒退到自动，从文明倒退到野蛮吗？[14]

就巴克敏斯特·富勒（Buckminster Fuller）的作品来说，芒福德强调如果我们不尊重自然的力量，我们的运作就会出现风险。我们所谓的统治自然以及对自然的疏远最终会导致自然灾难的降临。

人类在史前世界建造的最早的建筑形态已经被埋葬 —— 自然景观的重组 —— 如英国威尔特郡的巨石阵（West Kennet Long Barrow）在巴比伦时期，人们建造了大量的台阶或露台养殖建筑，叫作金字塔（圣山）。金字塔是一座寺庙同时也是一个天文台，并且是一个打破一望无尽"平坦"的一个标志。（随后，大多数宗教建筑已经以尖顶、塔和穹顶的形式达到天空。）

随着早期文明的发展，人们开始建造住宅，更加地具体，有着平坦的地面，因此如果是在斜坡上，人们就会建造一些台阶。纵观历史，我们可以总结，人类将环境中的"平坦"效率和方便联系在了一起。但是，在很多情况下，"平坦"更多地会让人觉得无趣，同时，任何强调垂直感并达到一定高度的建筑都因为它们的地位具有更大的意义（如宗教场所和宫殿）并且拥有更宽更远的视野。

当我们去观察古人的栖息地，所有住宅都是围绕和遵循着环境来建造的。巴比伦人在平坦的土地上建立了王国，因为底格里斯河和幼发拉底河为他们提供了生存所需的资源，并且和其他许多早期的聚居地一样，他们在河边建造，以进行农耕。

在我们的城市发展中，"平坦"变得流行起来，因为随着科技的发展，它越来越有实用性；提供了便捷的交流和运输方式——特别是建立了轮式车辆后。 不过人们依然喜欢在含有中庭、以戏剧性的方式穿过空间的楼梯间，还有玻璃电梯的现代建筑中逗留工作。这是为什么？这是因为我们的欲望源于我们原始的根源，并且这样去设计是为了促进我们与自然环境的同化吗？我们从室内看到的外部自然环境会给人们带来舒适感，并且一个会给我们带来这样感受的设计体现了人类与自然的统一。

图 27　巨石阵（West Kennet Long Barrow），英国，大约公元前 3650 年。维基共享资源。图片：Troxx

图 28　云冈石窟（Yungang Grottoes），大同附近，中国山西省，公元 460 年左右。图片：菲利克斯·安德鲁斯（Felix Andrews），维基共享资源

图 29　香港汇丰银行（HSBC Bank）的中庭。福斯特建筑事务所，1985 年。图片：Ian Lambot

## 地平面的类型

　　地平面有着无穷无尽的材质类型，按照坚硬、柔软、光滑、粗糙、光面、毛面或透明来分类。它们可能有一个用于勘察以及车辆使用的水平表面；一个倾斜的表面，便于平稳地行走或是用作残疾人通道；或是安有楼梯，便于快速地从一层爬到另一层。地面或水平面通常是一个叠在一个上面，它们加强了人员流通并且具有导向作用；有时这种室内表面损耗十分严重（见第 7 章第 145 页）。

　　地面可以总结如下：由一个楼层的功能而决定的表面；与建筑形态相关的结构；维持建筑的服务；可以修复的结构。

## 要素 5：围合结构

### 发展历史

许多早期的住宅都是洞穴形式的。其他的材质例如泥土、树叶、芦苇、石头和木材也会被用来设计一些简单的结构或围墙来居住。这些洞穴还会被挖出一个平坦的地面，周围会有凹陷，呼应了人体的手臂运动。

这一系列的草图显示了原始小屋和垂直墙面作为围合结构逐渐加高的发展过程。

### 外形的类型和属性

围墙经历了许多个世纪的发展，这种结构方案创建了未来建筑风格的处理手段，正如反面的草图所示的那样。

主要结构承载并支撑了一个建筑；次要结构并没有承载作用，并且可以轻易地去除或调整。结构变化通过对墙和柱子的使用来发展。通过对室内空间的细分产生了室内的墙面；让人感兴趣的是地面和天花板都是仅用单数来形容的，因为它们都是（在同一层上）贯穿了建筑，将一个空间和另一个空间

早期的居住地的围合结构在视觉方面通常有两个主要部分：一个地面和一个连续的墙壁/天花板区域。平面将会是隧道/子宫类型。这种相同的形态会用泥土或冰来建造，取决于环境和气候。

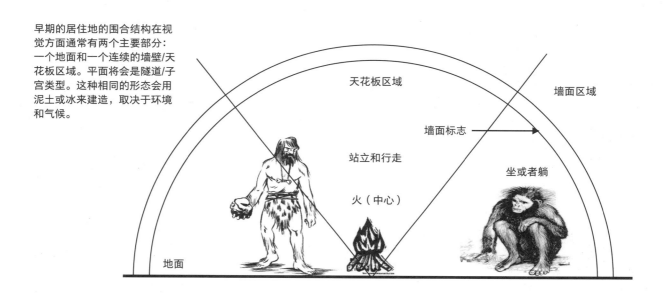

帐篷/帷幕在印第安人的领土很常见。同样的，它的围合也有两个主要部分：一个连续的墙面和一个地板。

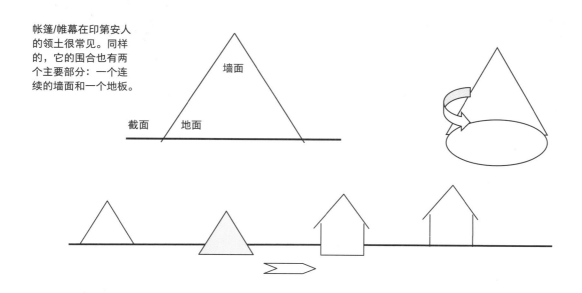

连接在一起，而墙面会在拐角处转变方向并且转向后数量也增加了。虽然会有不同楼层的地面和天花板。我们通常会在现在的建筑中进行室内设计，正如环境那部分中叙述的。根据客户的要求会进行这五项任务之一：改建、整修、修复、重建或翻新。

## 特征

这部分将对围合结构进行研究并描述它的品质、条件和特征。为了让建筑令人更加满意将会开始一些矫正工作。这个评估将建立一定的约束和基本规定：

- 进入和退出的方式。
- 一个主要结构——建筑建立的系统。
- 次要结构——对建筑的建立不是非常重要，如有需要可以去除。
- 服务——供能、水源、排水和安全。
- 门窗布局。

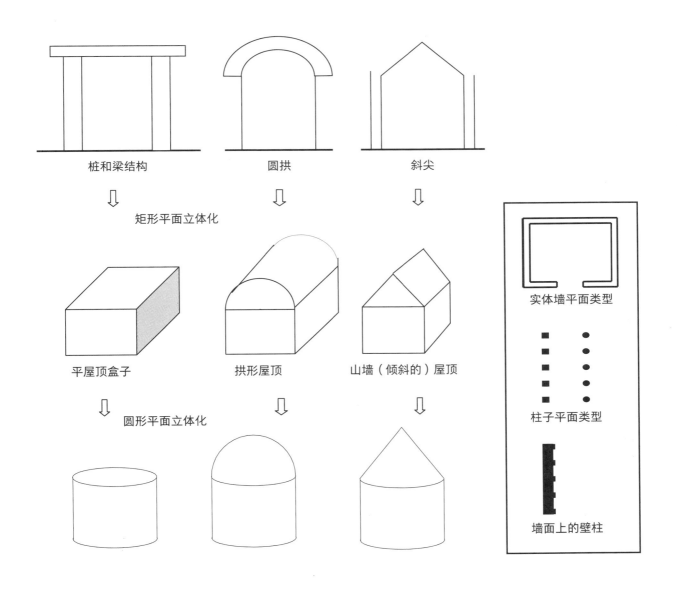

桩和梁结构　　　　圆拱　　　　斜尖

矩形平面立体化

平屋顶盒子　　　拱形屋顶　　　山墙（倾斜的）屋顶

圆形平面立体化

实体墙平面类型

柱子平面类型

墙面上的壁柱

图 30（左上） 剑桥老阿登布鲁克医院（Old Addenbrooke's Hospital）病房，（现在法官学院：见图 31），建于 1766 年。由剑桥大学医院 NHS 信托基金会（Cambridge University Hospitals NHS Foundation Trust）提供

图 31（右上） 剑桥贾吉学院（Judge Institute）的外部改建。约翰·乌特勒姆建筑事务所（John Outram Architects），1995 年。图片：剑桥，2000 年

图 32（左侧） 改建后的贾吉学院内部空间，由约翰·乌特勒姆建筑事务所提供

　　这些老阿登布鲁克医院病房转变为贾吉学院的照片显示了一系列出色的形态策划，对当中的组件有着清晰的描述，展示了围合结构是怎样改建的，同时很好地加入了现代元素。

# 要素 6: 支撑

这个要素涵盖了所有为人类提供支撑的形式，不论是坐着、休息、躺着、睡觉还是倚靠。事实上涵盖不管在工作、在家里或是休闲娱乐活动中的任何姿势，如恢复精力、欣赏艺术和进行体育活动。下面的表格提供了一个指南，告诉人们如何在一个可比的基础上全面地分析这些支撑物。这个分析旨在帮助设计师归类和组合这些物体的时候多思考它们的功能，而不是只从它们的成本、尺寸和风格来分类。这些"产品"通常被分为几种，例如家具、架子、浴室用品以及五金器件 / 装饰品，但这些分类只是常见的并不涵盖所有。"特性"那一列里的"主人形象"表示这个产品是符合一个公众空间的风格而不是根据拥有者 / 使用者的身份来定制。换句话说，比起特定的产品它具有更普遍的用途。深灰色的格子表示不止一个人用这个。这个表格并不是很详细，读者可以用进一步的案例来扩展它。

| 产品 | 应用 | 姿势 | 持续使用时间 | 数量 | 状态 | 身份 | 案例 / 位置 |
|---|---|---|---|---|---|---|---|
| 椅子：——就餐 | 私人 / 公共 | 坐着 | 1-2 小时 | 群体 | 正式 | 个人 / 主人形象 | 家里 / 餐厅 |
| ——办公 | 商业 | 坐着 | 工作时间 | 零散 / 单人 | 正式 | 公司 | 办公室 |
| ——躺椅 | 私人 | 坐着 | 几小时 | 1 或 2 | 非正式 | 个人 | 家里 |
| ——接待 | 商业 | 坐着 | 短暂 | 群体 | 正式 | 公司 | 办公室 |
| ——折叠 | 不同种类 / 便携 | 坐着 | 各种 | 零散 / 单人 | 非正式 | 实用 | 各种 |
| 高脚凳 | 商业 / 休闲 | 坐着 | 工作时间 /1 小时 + | 群体 | 正式 / 非正式 | 主人形象 | 办公室 / 酒吧 |
| 矮凳 | 休闲 / 私人 | 坐着 | 1 小时 + 随机 | 零散 /1 或 2 | 非正式 | 主人形象 / 个人 | 酒吧 / 咖啡馆 |
| 长凳 | 通用 | 坐着 | 短暂 | 零散 / 单人 | 低矮 | 个人 / 公共 | 花园 / 公园 |
| 架子 | 通用 | 站着 | 短暂 | 零散 / 单人 | 支撑 | 个人 / 公共 | 图书馆 / 家里 |
| 沙发 | 家用 | 坐着 / 躺着 | 几小时 | 单人 | 个人 | 个人 | 家里 |
| 扶手 | 公共 / 私人 | 站着 | 短暂 | 短 / 长 | 商业 / 个人 | 个人 / 公共 | 零售中心 / 楼梯 |
| 把柄 | 私人 | 各种各样 | 短暂 | 零散 / 单人 | 个人 | 个人 | 浴室 |
| 床 | 私人 | 躺着 | 几小时 | 单人 | 非正式 | 个人 | 家里 / 宾馆 |
| 浴盆 | 私人 | 躺着 | 短暂 | 单人 | 非正式 | 个人 | 家里 / 宾馆 |
| 水池 | 私人 / 公共 | 站着 | 短暂单人 / 群体 | 非正式 / 公共 | 个人 / 公共 | 家里 / 宾馆 / 公共 | 家里 / 公共 |
| 洗手间 | 私人 / 公共 | 坐着 | 短暂 | 单人 / 群体 | 个人 / 公有 | 个人 / 公共 | 家里 / 公共 |
| 坐浴盆 | 私人 | 蹲着 | 短暂 | 单人 | 个人 | 个人 | 家里 |

### 一些创新产品

下面的图片展现了对不同需求的创造性解决方式。他们作为对公共空间进行创新和改造的例子，也是极好的解决方案。

图39　左侧。胶合板折叠椅，冈山健（Ken Okuyama），2005。同时它还是一个垂直的屏幕

图40　上方。要靠山的椅子，家居产品设计，2007。这既可以当作一个直椅垂直使用，也可以当作躺椅水平使用

对面页：左侧，从上到下
图33　纽约拉伸栅栏。珍妮弗·卡彭特（Jennifer Carpenter），卡车产品建筑（Truck Product Architecture），2005。用来坐或靠的结构，为纽约的的士司机设计。

图34　曼彻斯特的深灰色花岗岩长椅底部有 LED 灯照明。贝利街景（Bailey Streetscene），2009。这个长椅分为五段，有十个座椅（背对背坐），并且具有一定的结构完整性和纪律性。

图35　现代抛光钢管扶手，由上方的亚光扁钢支撑。图片来自作者，由伦敦自然历史博物馆提供。

对面页：右侧，从上到下
图36　被塑造成两个独立的部分座椅：个固定在墙上的支撑和立在地上的座位。扎哈·哈迪德（ZahaHadid），19 世纪 80 年代。由扎哈·哈迪德建筑师事务所提供。

图37　维多利亚黄铜栏杆，末端由扭曲螺旋状的钢来支撑。图片来自作者。由伦敦自然历史博物馆提供。
图35 和 37 展现了两个不同时期的扶手，这是在同一个博物馆中的对比设计。

图38　在生产工艺画廊（Max Protetch Gallery）展出的铝质长椅。设计师：萨哈·哈帝（ZahaHadid），2003。图片：Eli-Ping Weinberg。

## 特征

支撑产品与室内空间有着各种各样的关联。它们可能固定在某个结构上，可以是可移动（的通过升降），或是机动的（通过脚轮和轮子）。它们可以是：

・独立式的（在地平面，通过重力）
・悬臂式的（从一堵墙）
・悬臂式的（从天花板上）。

他们可能是用各种材料制成的，例如木材，金属，塑料，石材，大理石，绳索，缆绳或装饰织物。

当涉及采购产品或得到一些特制的东西，英国的设计师发现不得不把目光投向海外，因为近年来英国制造业水平持续下滑。这也许反映出了在过去 30 年里，生产越来越全球化，并且国际贸易和专业服务交流也越来越便利了。计算机自然是在这个过程中起到了促进作用，通过提供高速的交流途径，可以更好地管理事业和人员。

## 要素 7：展示 / 储存和工作台面

每一个室内空间里都是有物品存在的（二维的或三维的），用来使用的或仅仅是用来看的，或是被收起来备用的。因此这些物品就需要一个结构来放置。二维的物品包括艺术品或者镜子，这些东西可以固定在墙上。用来进行各种活动的工作台面也归为此类，他可以使物品的展示和储藏更加方便。

### 展示形式

固定在墙面上的架子在每个室内都很常见。厨房中用于放置餐用器皿的碗橱柜通常分为两个部分：上方的开放式架子以及下方的抽屉和隔间。

帽架也可以用来挂雨伞。许多类型的屏风都被用来划分空间，并且通常是十分轻便的。橱柜有各种各样的，例如餐厅里那些有抽屉和隔间的。古董架或陈列架是一种开放式的架子，通常是锥体状，被用来展示古董和装饰品。书架是独立式的搁置单

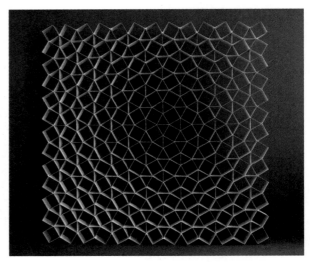

图 42　细胞屏风，科尔班 / 福楼拜，2003。这个屏风可以在不阻挡视线的情况下划分空间。由电镀铝制造，几何形状来自伊斯兰建筑（Islamic architecture），数学序列和自然增长模式

元，专门用来放书。一个酒柜是用来储存酒和玻璃杯，还有一个用来准备这些酒的平台。手推车（食堂）通常用来将食品和饮料从一个空间运送到另一个。办公桌是一个工作的地方，通常包括桌面和抽屉。写字台是一种年代久远的办公桌，通常用来书写和阅读，并且是由一个折叠式的工作平面，用于储物的开放式隔间，以及下方的一个橱柜构成。书桌和写字台相似，但通常更加轻便，桌腿更加细长。时钟架，例如落地式大摆钟，通常是一个实质性的家具，上面的大摆是机械装置的一部分，会发出独特的嘀嗒声。这些是立于地面的，但较小的版本也可以挂在墙上或放在壁炉架上。

### 主要存储形式

在下页的图中，或嵌入或独立的碗橱柜是一种有着不同尺寸的独立单元，通常是铰链式门或滑动门。餐具柜是一种很长的水平独立储物单元，在客厅或餐厅中都可以见到，并且其中还会放置许多家用物品。洗脸台通常是一种装饰华丽的独立储物柜，如果是位于卧室内，它可能会更高一些，并且包含一个洗脸盆。盥洗台与洗脸台类似，但可能会有一

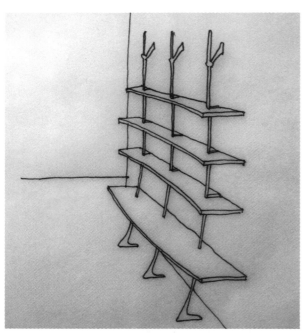

图 41　阶梯架，19 世纪 80 年代。这个架子仅仅是斜靠在墙上——没有任何固定。由乔姆·特莱色拉（Jaime Tresserra）设计。图片由作者绘制

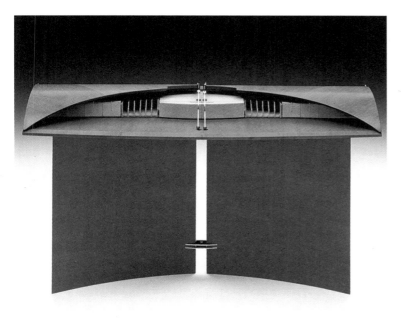

图43 卡尔顿蝴蝶桌（Carlton Butterfly Desk），乔姆·特莱色拉（Jaime Tresserra），1988年

图44 博物馆商店的展示柜。图片来自作者，由伦敦自然历史博物馆提供

个内置的脸盆，周围被大理石环绕。衣箱的体积可能会非常大，但也只是一个低矮的独立式橱柜。高脚柜是一种双层的独立衣柜，上面通常会有许多抽屉。衣柜既可以是嵌入式的也可以是独立式的，并且里面的架子和钩子是专门用来储藏和挂衣服的，通常是铰链式门或滑动门。五斗橱通常使用来存放衣服的，上面通常会有许多可拉出的抽屉而没有铰链门。书柜是餐具柜的前身，在19世纪它通常装饰华丽，顶部是大理石，是一种非常承重的储物单元。小衣橱是一种比餐具柜更小但有更多装饰的柜子，上面有许多储存零碎物品的小隔间。梳妆台通常会有一面镜子以及储物的抽屉，并且还会附带一个凳子，梳妆打扮的时候就可以坐在上面。靠背长凳基本上由一个长条座椅和一个靠背组成，将座椅掀开，里面会有一个箱子一样的储物空间。

图45 玛丽加兰特便携式梳妆柜（Marie Galante Portable Make-Up Trunk），海湾之星（Starbay），法国，19世纪末左右。这种独特的梳妆柜是一个融入了折叠功能的家具作品

## 次要存储

次要存储是通过对空间的分配来达成的，而不是通过设计的人工制品的使用。它通常是以阁楼或储藏室的形式存在。

## 展示或存储形式的选择

这是需要按照特定的活动来选择的，要根据展示和储存的物品是经常使用间歇性使用还是偶尔使用来决定。首先，设计师必须量化存储/显示所需的面积和体积。其次，要确定形状和形式。第三个要考虑的是要使用单一的个体还是要有计划地重复组件。

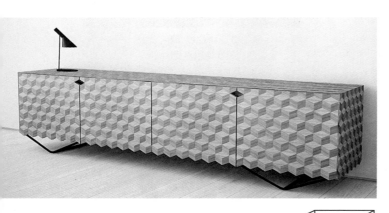

图 46 内克尔立方橱柜（Necker Cube Cabinet），格尔梅斯（Pieter Maes），荷兰，2009。内克尔立方橱柜是运用了视错觉，首次由瑞士晶体学家路易斯·阿尔伯特·内克尔（Louis Albert Necker）发表于1832年。以一种模糊的线条画为基础，这种线条画可以用两种方式解读，然后调整为一个等距视图

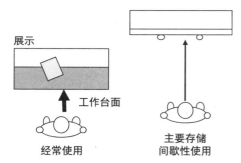

## 特征

存储和展示产品与室内空间之间可能有着各种各样的关系。它们可能固定在某个结构上，可以是可移动的（通过升降），或是机动的（通过脚轮和轮子）。它们可以是独立式的（在地面上，通过重力），悬臂式的（从一堵墙），或是悬挂式的（从天花板上）。

对于展示形式来说，你需要会使用工作台面并且展示那些能够通知、提醒、娱乐或是有把握得到赞赏的物品。展示家具可能是开放式的以展现其中放置的物品，虽然会有封闭结构，但不会影响到看物品（例如使用玻璃），通常由一个水平表面或是特殊的固定结构来支撑。

在主要存储中，被储存的物品通常是不会被看见的。你需要打开一扇柜门、遮板、纱门、布帘或盖子才能拿到里面的东西；或者这些也可以通过滑动、铰链、滚轴或枢轴来完成。储物的柜子也许会有把手、凹槽握柄或是锁。再次要存储中，最关键的是适当的规模以及与重要室内空间之间的联通方式，这通常是看不见的。

## 与人的关系

对不同类型存储方式以及功能的审查，同样也是对这些物品与使用它们的人之间的关系的思考。

诺伯舒兹[15]（Norberg-Schulz）引用了帕森（1951）关于人与物品之间三种关系的理论：

1. 认知态度——试图对一个物品进行分类和描述。这证实了我们需要识别我们周围的物品。

2. 关注态度——由于物品为我们带来的满足感。而对物品的一种自发反应，这证实了我们需要周围的物品来满足我们的需求。

3. 评价态度——我们尝试建立"标准"，让我们不会依赖于物品

在评估我们对物体的依赖程度上我们还有一个内置的分类过程。

# 要素 8：装饰

## 发展历史

通过绘画和雕刻，早期的人类用与自然相关联的图形、颜色和形状来装饰。在公元前 5 世纪，中国人在丝绸和纸卷轴上作画而古埃及人在亚麻布上作画——这些都是最早的体现艺术携带性的案例。在修道院和教堂，装饰元素通常是以壁画、图案绘画、马赛克和泥金写本的形式存在。从中世纪早期开始，木制面板被用来绘画并且彩色玻璃窗本身也成为一种艺术形式。艺术逐渐变得更加个性化，并且受到影响力的宗教和富裕的地主的委托成了个人所有。

随着社会的进步，装饰变得更加繁复精美。"图形"这个词被用来将装饰和艺术区别开来，装饰更多的是作为一种更加商业化的应用技巧，是为了市场或销售某种产品或服务而设计，而不是一种艺术。"视觉传达"是用来描述一个庞大的学科，涵盖了所有的图形艺术、图形设计、摄影以及室内装饰。它还能通过是否包含胶片来区分了静态与动态图像。我们现在有了毫无意义的通用词语"媒体"，主要是涉及"沟通"问题，涵盖了太多学科的内容，而失去了原本传播的功能，更多的是让人感到迷惑。随着时间的推移，室内装饰不断扩展，从绘画到所有的表面装饰，并且最终把家具也涵盖在内。

在现代室内设计实践中，从设计的装饰过程中略去对整体概念的把握，甚至把装饰当作"填补空间"的最后手段，是无法确保设计方案完整性的装饰，不是一种"追加"。室内设计师应该在一个新的建筑项目开始时就参加设计，而不是到了最后为了"收尾工作"才加入进来。这种方法是对室内设计师的错误理解，并且使室内设计师对建筑设计过程所作出的贡献遭到贬值。让我们来考虑以下对装饰描述类型的分类：示意性的、娱乐性的、传播性的、纪念性的、方向性的，或是与建筑的几何形态有关联的（既包括与建筑相反也包括与建筑和谐统一）。

## 装饰的类型

### 示意性的

自从上帝创造了天地万物以来，人类就有一种本能的冲动去标记他们周围的环境，理由如下：出于对自然的尊敬，或是敬畏他们所看到的东西——导致了宗教信仰的产生，或是让他们自己与自然是等同的。

**图 47**　拉斯科洞窟的洞穴壁画，由 Mimenta.com 提供

### 娱乐性的

装饰作为一种娱乐的手段——带来快乐。

**图 48**　伦敦西田购物中心的叠层壁画，林恩·霍林斯沃思（Lynne Hollingsworth），2007 年

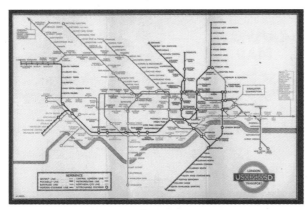

图 49　伦敦地铁地图，由哈利·贝克（Harry Beck）在1933年创建。出自伦敦交通博物馆（the London Transport Museum）的收藏品。© 伦敦交通局（© TfL）。这也可以归为要素9：信息

图 50　查令十字街( Charing Cross )地铁站里的壁画。大卫·金特尔曼（David Gentleman），1979。 维基共享资源。作者：Sunil Prasannan

### 传播性的

装饰可以用来交流信息和向人们传播信息。

### 方向性的

装饰可以用来强调方向。

图 51　咖啡吧和门厅空间，地毯，曼彻斯特图书馆剧院，2009。照片由剧院信任图像库提供

### 纪念性的

装饰可以证实历史上的一次时间或是庆祝某个事件。

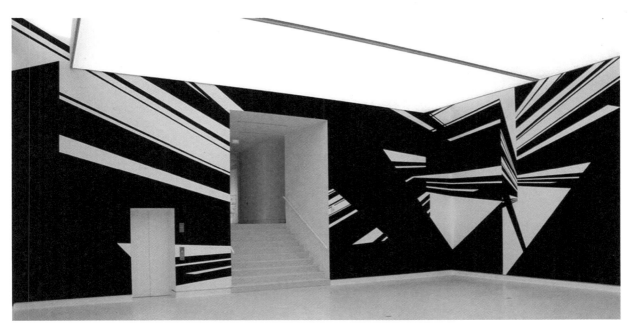

图 52 死亡审判（Dead Reckoning），空间绘画（详图），艺术馆（Kunsthalle），美因茨（德国）。克莉丝汀·鲁斯彻（Christine Rusche），2008 ～ 2009 年。用亚黑色绘制的 PVAC 墙面。尺寸：12m × 12.5m × 6.3m。© 由科隆 Marion Scharmann 画廊提供

图 53 右侧 。纽约一间公寓里的休息室。简妮弗·泼斯特设计事务所（Jennifer Post Design），2009

## 关于建筑的几何结构

装饰可以与建筑的几何结构背道而驰，例如克莉丝汀·鲁斯彻（Christine Rusche）的艺术作品死亡审判（Dead Reckoning），绘制在一个艺术画廊的墙面上。或者，装饰也可以和建筑的几何结构融为一体，例如图 53 中的一间公寓里的休息室。这间公寓通过深棕色和白色的主色调，给人一种清晰、几何化的风格，很好地平衡了大面积的白色区域并且棕色也很好地与棕色的线性元素结合起来。半透明的窗帘可以让光线透进来，给室内带来一丝宁静的氛围。

## 性质和特点

装饰用的颜色和纹理包括抽象图形，比喻性的作品，可辨认的图像、字母和数字图形或是与所用材料成为一体的图案。

有两种不同类型的装饰：实施装饰以及与主要或次要结构一体化的装饰。

## 实施装饰

主要或次要结构将会直接被装饰，或是按照下面的形式使用事先生产好的产品来装饰：

- **涂料**——液体、薄膜或石膏；用刷、抹子或喷雾来实施。
- **柔性膜**——纸（木制品）、塑料、布料、地毯、胶合板或薄板；通过胶水粘黏或拉伸固定实施。
- **覆层（刚性）**——木制品、金属、塑料、布料、玻璃、镜子、陶瓷、大理石、石材或橡胶材质的嵌板 / 瓷砖。

**图54** 古埃及的装饰因对植物和羽毛的抽象几何化表现而闻名。维基共享资源。作者：Lepsius-Projekt Sachsen-Anhalt

**图55** 金刚界八十一尊的坛场（Mandala of Vajradhatu）。藏传佛教唐卡绘画（Tibetan Buddhist thangka painting）。这些神圣的圆圈外是一个几何图形 —— 一个坛场——并且建筑的每一个细节都有着一定的象征意义。观察这个有助于我们思考一个人存在的意义。维基共享资源

## 与主要或次要结构一体化的装饰

- 由木模板制造的木纹混凝土。
- 来自砖块和砌墙块的图案。
- 木纹。
- 任何投入到液态混凝土或灰泥中的东西。
- 当结构本身成为实体，其连接就成了一种装饰。

## 装饰物

一个词语，贯穿了历史，并且对装潢产生影响，这个词就是"装饰"。展开来说：

- **一个装饰物（名词）**—— 一个能够有助于空间装饰的物体。出于它本身的影响以及他对室内平衡带来的影响，它是至关重要的。
- **装饰（动词）**——应用观赏性，并不是依赖于单个物体，而是根据涉及的集中内容，归结于室内的大部分情况。
- **装饰性的（形容词）**——描述了一个室内的影响。

## 测量与控制

量化装饰内容的能力是伴随着整体设计概念的发展过程而产生的。你将会意识到要去控制装饰的二元性：响亮的效果或安静的效果，热情或冷静的区域，限制或免费的区域，有魅力的或无吸引力的空间，社交用或非社交用的，正式或非正式的影响。

## 对教育规定的评价

在过去的 40 年里，我相信对历史装饰的研究在室内设计的本科课程已经被弱化了，因为教育意识形态很大程度上受到了流行趋势和发达科技的影响。由于对高等教育的削弱，英国的大学在严格的模块化教学和资金不足的情况下，他们的教育课程很难顾及这个重要的学科。在这个缺乏教育的时代里，对传统的美术学院教学回归是十分必要的。

# 要素 9：信息

在日常语言中，我们所说的信号、标志、征兆、表现、副本、图片、符号以及表达都是单独的现象，尽管这些概念之间没有明确的界限。[17]

斯文·海斯格林（Sven Hesselgren）

## 环境的类型

这个要素涵盖了任何图案、标志、符号和图形图像（2D 或 3D），传达了信息或警告指令、通知或建议。与这个要素相关的设计区域主要有展览、博物馆、交通运输站和飞机场、活动现场、医院以及交互式媒体。

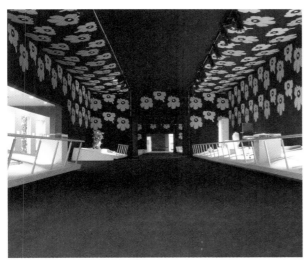

**展览**

图 56　设计剖析，位于科特赖克的"装饰件"（Interieur）展览。詹姆斯·欧文（James Irvine），2004 年

**博物馆**

图 57　加拿大战争博物馆（Canadian War Museum），加拿大渥太华。哈利·夏普（Haley Sharpe），2005 年

**交通运输站／飞机场**

图 58　圣潘克拉斯国际火车站，伦敦，2008 年。由 James Lisney，Infotech 提供

**活动现场**

图 59　英国航空公司活动，在盖特威克机场飞机库举办，1988 年。由伦敦想象力提供（Imagination）

**图 60** 惠廷顿医院( Whittington Hospital )里的路牌,伦敦拱道。奥美扬特公司（Enterprise IG）, 2009。由 Rivermeade Signs 制造

## 医院

因此，沟通是基于共同的符号系统，依附于共同的行为模式或"生命形式"。

克里斯蒂亚·诺柏舒兹（Christian Norberg-Schulz），建筑的意向（Intentions in Architecture）

**交互式媒体**

**图 61** 位于智库的未来画廊（Futures Gallery at Thinktank），伯明翰科学博物馆（Birmingham Science Museum）。土地设计工作室（Land Design Studio），2003 年

## 性质

让我们来调查定义环境中各种信息的术语：

- 传播——通过这种方式来传播信息；媒体。
- 发射器——信息的来源；消息。
- 接收器——受众；观察者。

这个列表与香农和韦弗（Shannon and Weaver）[18]（1949 年）所描述的通信的基本要素相似：信息源（发射器）vs. 通信通道（传播）vs. 信息的目的地（接收器）。

一个信息是如何被理解、吸收，然后在特定的条件下采取行动、传播的方式是怎样清楚的[19]，发射的方式是怎样清楚的，并且观察者是否熟悉传播和发射的方式。每当事情不按照计划好的发展或是受到了反面评价，通常都是与信息故障有关。尝试和分析这种现象发生的原因是很有帮助的。所以，让我们通过使用下面这些清楚的或不清楚的，熟悉的或不熟悉的术语来改变上面的情况：

| 发射器 | 传播 | 接收器 | 结果 |
|---|---|---|---|
| 清楚 | 清楚 | 熟悉 | √ |
| 清楚 | 清楚 | 不熟悉 | × |
| 清楚 | 不清楚 | 熟悉 | × |
| 清楚 | 不清楚 | 不熟悉 | × |
| 不清楚 | 清楚 | 熟悉 | × |
| 不清楚 | 清楚 | 不熟悉 | × |

上面的表格阐明了只有在一种情况下，一个完整的、清晰的理解是可能的。这个分析可以应用于任何情况，来确定通信故障存在的原因。

媒介即信息。[20]

H·M·麦克卢汉（H. M. McLuhan）

信息交流领域也被称作媒体。埃德蒙·卡彭特[21]（Edmund Carpenter），一位生态人类学家和通信系统咨询师，写道：

我们不读报纸：我们进入它就像进入一个温暖的浴池。它环绕着我们，它用信息包围我们。我们穿着媒体。媒体才是我们真正的衣服。

广播和电视用图像对我们狂轰滥炸，覆盖我们的纹身风格 …… 被问到当她为裸体日历摆姿势时她是否有什么，玛丽莲·梦露说，就是"广播"。

# 设计理念

正如第 1 章最后的图示中提到的（见 P27），设计理念是设计过程中的一部分。理念是一种想法，通常是原创的，提供了解决问题的方式。一个设计理念应该要能够提供战略性的方式，以及基于理论和哲学立场的潜在方法。在室内设计中，一个解决方案或最终设计方案取决于很多问题。当设计师解说一个方案的时候，会涉及方案背后的理念，换句话说，就是让这个设计变得与众不同，变得有卖点的主要精神或动力因素。这就要运用到这章前面列出的九个室内设计要素。

在主要理念被确定之前，室内设计还有八个次要设计概念要考虑（需要对规则和方法有一个概念性的理解），这应该与方案的主要设计理念相互交织（如果有的话），或者让一个人能够摒弃可能产生的相互联系和分歧。然后最终设计方案就会诞生，可以去呈现给客户。下面描述了这八个概念。其他作者的观念也展现与此，以确保观念的客观性。

## 八个次要设计概念

有四个组织概念：规划、流通、光线、服务；以及四个与形态相关的概念：3D、施工、材料、色彩。为了形成主要的设计理念，必须把这八个概念都考虑在内。有一点必须要强调，在一个项目中，设计师要平等地对待这八个设计概念，不能够偏向某一个元素，让它来支配其他元素。当然，设计是有着一定步骤顺序的，规划是最初生成的概念，但如果所有的概念都被平等的考虑到，并且与投入相称，达到了民主，这样的方案自然会给我们增添信心。

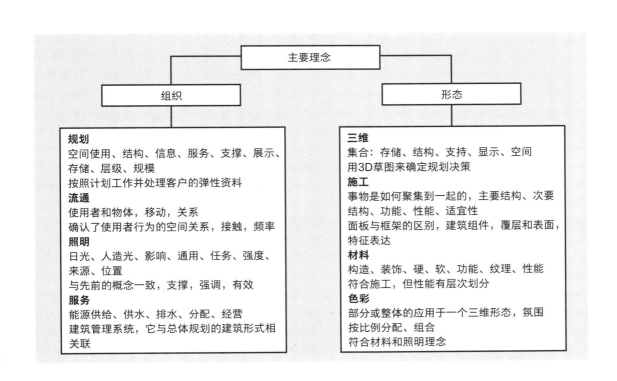

基尔默和基尔默（Kilmer and Kilmer）在他们的书室内设计（Designing Interiors）中表达了他们对设计元素以及设计准则的理解，将此看作是设计语言的一部分，他们把这称作是"基本设计创作理论"的一部分。下面列出了这些要素，以及它们与这本书内容之间的联系。

## 设计要素

- **空间**　这本书中呈现的要素之一。
- **线条**　见第 4 章几何部分。
- **形态**　在第 7 章 3D 形态的产生中详细介绍。
- **形状**　这本书中的很多部分都有提及。
- **纹理**　这个词语材料的联系更为密切，在这里并没有深入介绍。
- **时间**　在第 1 章预期使用期限中提到
- **色彩**　属于要素 8：装饰；在第 7 章中也有提及。
- **光线**　这本书中呈现的要素之一。

## 设计准则

- **平衡**
- **节奏**
- **规模**
- **协调**　这些都在第 7 章"描述性术语词汇表"中提到
- **重点**
- **联合**
- **比例**　在第 4 章中详细介绍

马尔纳和沃德沃卡（Malnar and Vodvarka）在他们的书室内维度（The Interior Dimension）中提出了一种概念塑造建筑（如反面所呈现的；约翰威立国际出版公司的许可转载）。这里面的一些标题和基尔默书中的差不多，他们提出了形成主要概念的三个概念。"材质"、"结构"以及"色彩"出现在我们这里使用到的概念标题里。这两套标题对概念的发展有很大的贡献。马尔纳和沃德沃卡的"视觉要素"也包含在我们的概念标题"三维形态"

一个典型的空间探索型概念草图案例，同时搜寻一种构图，将重点，平衡和视觉很好地结合在一起。所有其他次要概念都随着互相的交互作用而发展起来

中（见第 57 页），并且他们的"组织原则"包含在了第七章名为"描述性术语的词汇表"的部分中（见 p.138）。

美国人和英国人在设计主题的理解上有很大的差别。美国人罗伯特·伦格尔在他的书室内空间塑造（Shaping Interior Space）中反对对概念进行不同的定义并且创造了两个类别——组织概念以及个性概念——正如反面所呈现的（"规划"和"流通"匹配这本书中提到的概念）。

提尤·珀尔德玛（TiiuPoldma）[22] 在她的书空间占用——探索设计进程（Taking up Space – Exploring the Design Process）的设计概念演变中有一个很小的部分，列出了三维发展、色彩、材料和光线。她还为设计过程的三个部分作了定义：对信息的分析，设计理念的创建以及设计方法。

苏珊·J·斯洛特科斯（Susan J. Slotkis）[23] 在她的书室内设计初阶（Foundations of Interior Design）中的定义相当松散，设计概念起源于规划，并且这是"一种计划或是系统，通过它来采取行动达成目标。一个设计中的谁，什么，何时，何地以及如何"。她后来还继续探讨了有关设计过程的"示意图"以及设计诞生的过程。她列出了她的设计准则（"比例"和"平衡"与马尔纳和沃德沃卡的"组织准则"一样）如下：

- ·比例
- ·平衡
- ·节奏

- ·对比
- ·重点
- ·协调

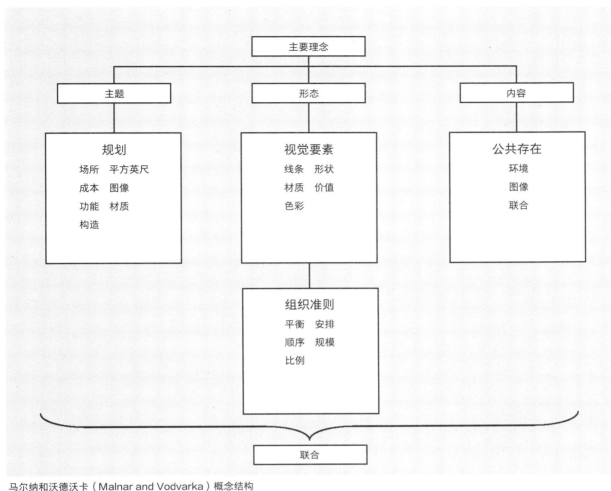

马尔纳和沃德沃卡（Malnar and Vodvarka）概念结构

伦格尔概念结构

克莱夫·爱德华兹（Clive Edwards）[24] 在他的书《室内设计——一个学术性的导读》（Interior Design——A Critical Introduction）中指出，只有将设计概念当作是属性调查的一部分并且之后当作给客户呈现设计的一部分——他提到相当老旧的"概念展示"和"格调展示"。

在"室内设计过程"中，他列出规划从构想到完成/评估的顺序，他还通过列出下面的室内设计准则和要素拓宽了这个话题，和吉尔默、马尔纳和沃德沃卡所说的相类似：

## 室内设计准则

· 比例
· 平衡
· 对称
· 轴线和校准
· 节奏和重复
· 对比和对立

## 我的概要图

这个概要图列出了组成一个设计方法论的各个要素，概念和理论基础（见第 7 章）。下面的图表展现了概念是如何通过运用各要素形成的，这些正确性都可通过理论和哲学的道理来证明。

· 联合
· 协调

## 要素

· 线条
· 形状或构成
· 材质
· 图案环境

重新回顾第 1 章最后关于一项工作中项目序列概念发展位置的图表（见 P27）。

规划的过程中会用到所有要素，在不同的阶段中，直到一个规划理念呈现出来（见第 7 章，第 131 页），列在这里的都是基于一些理论概念的。设计的过程应该有灵感以及技术性科目来控制，因此是不会有严格的机械秩序的。不难看到其他的概念在需要的时候是怎样运用不同的要素。这到后面对读者来说会更有意义。

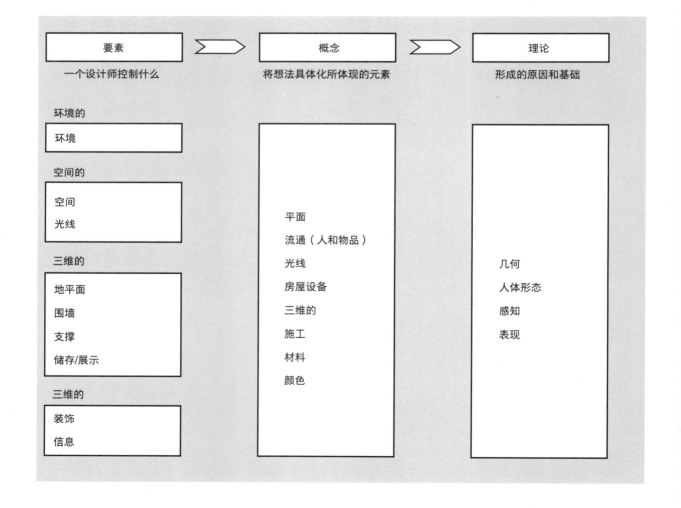

另一种看待这个过程的方式是把它当作从内容到实现装置到原理的阐述。可能有人认为这个表格里列出的要素也可以看作是概念上的术语，并且，如果确实是这样的话，设计者就需要将一个设计中的主导力量放在优先地位。以我个人的经验，上面的分类对于我组织我自己的想法以及决策过程还是很有帮助的。

## 设计原理

一个设计背后的原理都是设计师深刻的反思，对语义，以及有些时候对艺术道德，对风格，对美学还有其他能激励人，并影响我们的视觉判断和决策的事物，但这些已经超越了本书的范畴。第 6 章解释了一个人设计理念的艺术表达——一个设计师的意图。在过去，这些理论的表达一定程度上带来了一些争论，引发了一些行为，激发了艺术家和设计者源于这些理论的创作灵感。下面一部分引用自这个领域的一些关键作品。

好的建筑必须要满足三个条件：坚定、实用和情感。 维特鲁威，引自《建筑十书》（De architectura），由亨利华登爵士（Sir Henry Wotton）《建筑要素》

（Elements of Architecture）改编，1624 年

这句话自出现以来激励了无数的建筑师，并且也被看作对所有高尚志向的有效概括，是对好的建筑设计的保证。并根据不同的理解产生了许多新的理论。

下面的两段文字强调了仿制品的成本更低但也因此不能算作是"真的"；我们应该对材料保持一颗真诚的心。首先，引用在第 1 章里杂志设计中约翰·布莱克（John Blake）的文章形象地说明了木炭引发火灾的荒谬性。然后，由维克多·帕帕奈克（Victor Papanek）[25]编写，出版于 1971 年的《为真实世界而设计》（Design for the Real World），表明了作者对生态学，再循环利用和社会对设计影响的

看法，这些观点真正地超越了他所在的时代。他还批判仿制品，认为像电动牙刷那样的东西是荒谬的。

模仿是艺术的最大的敌人。

Rioux de Maillou，装饰艺术和机器生产（The Decorative Arts and the Machine），1895 年

建筑欺骗：表面的涂料想将建筑的表面伪装成其他材料，而不是它原本真实的材料……

约翰·拉斯金（John Ruskin），[26]《建筑的七盏灯》（Seven Lamps of Architecture），1907 年

下面的这段话有助于除去从 19 世纪留下来的那些不必要的装饰，并且还有助于结构设计师更好地表达他们的材料和形态。与科技和文明一同发展。

形式服从功能。

路易斯·沙利文（Louis Sullivan）

下面这段 C.R. 阿什比（C. R.Ashbee）的话表达了他对工艺美术运动的支持，并且揭露了这个年代里机器制造和手工制造之间的紧张局势。计算机的发展促进了工厂生产的进步并且在加速生产的同时还提升了经济生存能力的水平。这反而让手工产品变得几乎超出了一般人的经济承受水平，并且这些产品之所以留存下来只是因为一些富人会买。

现代文明依赖机器生产，并且再也没有听说过不承认这些的储蓄保险，或是鼓励，或是艺术教育的相关制度。

C·R·阿什比（C. R. Ashbee），原理篇章（A Chapter of Axioms），1911 年

戴维·沃特金（David Watkin）是一个传统主义者而不是现代主义者，他的立场体现了设计中另一个紧张局面，涉及风格的复制。不是社会上的每个人都能接受这种观念以及对现代主义运动的狂

热，并且对于现在来说，我们周围的各个艺术领域都充斥着"复制"品。这些产品是对过去一些风格的模仿，例如哥特式、佐治亚风格或巴洛克风格，但也不是非要采用完全相同的材料和方法来制造这些东西。

……现在出现了一些观点和道德上的暗示，自从现代建筑不再仅仅是一种可以让我们自由选择是否喜欢的"风格"，而是 20 世纪里我们必须遵照的一种不可挑战的"需求"或者说是要求，它就引起了一些特别不容置疑的批判。

戴维·沃特金（David Watkin）[27]，1977 年

刘易斯·芒福德（Lewis Mumford）的观点非常明智，他建议我们要小心谨慎，尤其是关于这个文化和科技爆炸的社会，他是 20 世纪瓦解的见证者。下面这一段是芒福德在他称为"动乱时代"的时候写下的：

法律、秩序、连续性：这些条件对自由、多样性和创新来说都是必要的，并且因此还是社会创造力的根本：对于自由来说，没了法律就是不可靠的混乱状态，对多样性来说，没了秩序就是一片混沌，对创新来说没了连续性只会使人心烦意乱。

刘易斯·芒福德（Lewis Mumford），人类的处境（The Condition of Man），1944 年

## 复习回顾

这一章概述了设计者思考的核心，主要是由要素、理念和理论推理组成。这是非常简单的，当你在进行设计工作时，这些因素会给你带来一定的影响或引导，而且你不一定要花足够的时间来仔细考虑这一章中提到的所有内容。商业利益给你带来的时间上的压力往往能迫使你快点做出决策，来满足利润需求。

在设计师的职业生涯中，这样的一套程序在不断发展，这取决于工作经验，并且在过去的作品中得到证实。在约定的工作范围外，设计师还会有相当于健身房的运动量，例如调研还有准备工作，包括寻找想法、材料还有产品；这些工作并不是某个职业所特有的，而是一个"搜寻者和采集者"生存的基本能力的一部分。这是为了你的专业工作而作准备。

# 第 2 部分
# 身体和测量

# 第 3 章　人类形态

## 关于本章

　　本章总结了一些设计师所应该知道的信息，把人体当作一个生物标本，并且根据每个个体间不同的特性、品质、需求去理解。我们一直在设计，为使用者，为客户，为那些根据我们的方案来建造的承包者。因此，尽可能对人类有更多的了解就变得非常关键，这有助于我们提出有用的、让人满意的解决方案。所以我们会调查出哪里容易出错而哪里没什么用。我们会调查物质生活的进步和它作为一个设计来源的重要性。我们也会参考一些领先的科学家和哲学家的学说，毕竟它们已然成为设计的另一个重要来源。

## 设计和人体

在下面的图表中，我从大量的资料里挑选了一些关于人类形态功能和特征方面的信息，这对一个设计师来说是十分有用的。请看霍赫贝格（Hochberg）[1] 和弗莱彻（Fletcher）[2]。

图表中列出的十三项人类的能力，结合了我们生理和心理、情感和精神上的特性，使得我们作为人类区别于其他生物。这些特性可能是无穷尽的，但是我所总结出的这些是最主要帮助我们定义人这个物种的。

| 我们是什么 | 来自于霍赫贝格的意识 | 人的类型——体型 | 人类种族群 | 社会群体 |
|---|---|---|---|---|
| 男性，女性，不同的年龄 | 距离感（看、听） | 圆胖型——丰满 | 白种人 | 国家 |
| 构造——解剖 | 皮肤感（摸、尝、闻） | 肌肉型——健康 | 蒙古人种 | 地理 |
| 身体——生物学 | 深度感（运动感觉——肌肉、关节；前庭——平衡；内部器官——功能） | 匀称的瘦长型——苗条 | 亚洲人 | 政治 |
| 运作——生理的 | | | 美国本土人 | 语言 |
| 思维——心理学 | | | 非洲人 | 宗教 |
| 团队——社会学 | | | | 文化 |
| | | | | 基本需求（见弗莱彻） |

| 最初的本能 | 一般的本能倾向 | 人类的能力 | | 11 个主要的身体系统 |
|---|---|---|---|---|
| 呼吸 | 愉悦 | 探索 | | 循环或心血管 |
| 进食 | 痛苦 | 做一个采集狩猎人 | | 呼吸 |
| 喝水 | **他人的假设** | 面向对象 | | 骨骼 |
| 睡觉 | 依附 / 逃避 | 沟通 | | 肌肉 |
| 排泄 | 积极 / 消极的自我意识 | 对刺激的响应 | | 紧张 |
| 常规活动 | **生物节律** | 发明和创造 | | 生殖 |
| 性活动 | 每 23 天达到峰值——身体耐力 | 竞争 | | 消化 |
| | 每 28 天达到峰值——情感、直觉 | 制作 | | 泌尿 |
| | 每 33 天达到峰值——推理能力 | 组织 | | 免疫性疾病或淋巴管 |
| | | 学习 | | 内分泌 |
| | | 解决问题 | | 表皮系统（皮肤、毛发和指甲） |
| | | 控制本能 | | |
| | | 制定摘要 | | |
| | | 概念 | | |

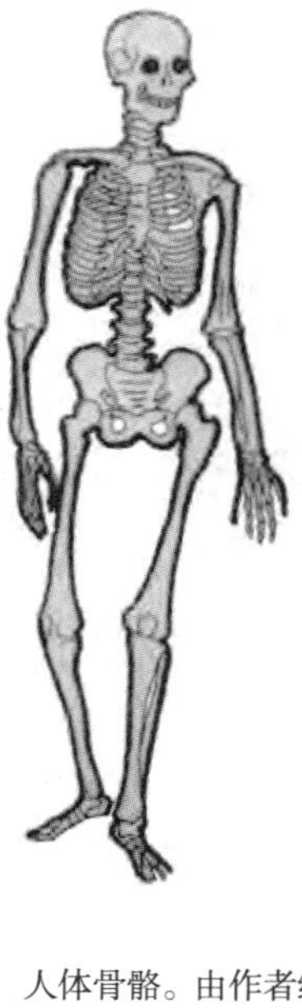

图 62a　人体骨骼。由作者绘制

# 设计，以人为本

有一个学科领域叫环境心理[3]，可以帮助设计师去理解人是怎么对周围的环境作出反应的。这门学科十分关注环境对人的心情和行为的影响。我们不该一味停留在这个学科的长度上，而应该去调查事情在某些地方是怎样出错的。尤其重要的是，我们要了解我们为之设计的人：他们的习俗、习惯和学习能力。这样我们才能明确作出选择和决定，并且让人们不会对我们的设计感到惊奇和疑惑。

作为设计师，我们必须对使用我们创造的空间的各种类型的人保持敏感。他们会根据自己的工作而有各自的标签，或者只是普通公众的一员。我们有两组使用者团队，正如第1章中提到的——居住者和来访者。每个进入室内空间的人都会被提供服务，无论是作为个人还是团队。而设计师需要将下列事项和人列入考虑：

- 男性、女性（考虑年龄）
- 社会身份（法人或公民，如果相关的话）
- 职务（如果相关）
- 行动不便者
- 带着东西购物的人
- 携带雨伞的人
- 在建筑物内执行任务的商人
- 投递物品的代表
- 安保人员
- 紧急服务
- 信使 / 通讯员
- 维修人员

## 那些没用的事

在室内设计中有很多令人恼火的事：没用的东西和欠考虑的东西。下面是一段个人解释，作为例子来说是所有设计师都应该做的一些事，也记录了许多设计师犯错的经验反馈。我们都从错误中学习，

但是有些错误可能容易被忽略。

## 模仿

**图62** 市中心咖啡馆。由作者拍摄

上图的咖啡馆在椅背上使用了仿竹（金属）并且在窗户上用了画帘。这是一个极受欢迎的城市咖啡馆，它的价格也很合理。夸张的装饰配上荧光灯，它通俗而又有吸引力。它的设计没有什么差错，反而更像是一个反设计的实例。

还有许多关于产品仿冒的例子，这些东西对于设计师的价值和诚信是一种忌讳。麻烦的是这些产品卖得非常成功，因为它们对于公众来说比原版更加便宜，看起来几乎没什么区别；而且它们在工厂或车间的造价也比原版便宜。然而，正因为它们的廉价，它们很容易被用一次就扔掉或者被轻易地替代掉。

假冒产品的受众增多，导致了原版产品的贬值和公众欣赏水平的下降。约翰·布莱克（John Blale）在1979年的《设计》杂志中这样写道：

对燃煤火烤技术（the coal-effect fires）和新乔治亚式的橱柜和椅子的仔细调查反映了在设计的概念上和细节上技能的缺失。规模、比例似乎欠考虑，装饰性的图案不适当，材料没怎么用，建筑物完全不能让眼睛信服。

## 薄弱环节

　　一个充满活力的市场区域却被一个与周围环境
没有联系又缺乏个性的栏杆破坏了。持续的栏杆是
不必要的。它刺目的水平状态与已有的曲线结构以
及人的形态造相冲突。我的提议是像右图中那样改
善它的关系。

图 63（左）　现存的室内市场。由作者拍摄

图 64（右）　对室内市场提出的改变。由作者绘制

　　两幅图展示了两个不同的公共空间。左边的图
是一个位于室内的天桥，让人从一边的空间轻松到
达另一边，而右边图中的桥显然放错了地方，与环
境格格不入。

图 65（左）　桥——好例子。由福斯特建筑事务所设计

图 66（右）　桥——反面例子。由作者拍摄

## 考虑不周的饮食区

图 67 "金鱼碗"咖啡店。由作者拍摄

图 68 狭窄的咖啡店。由作者拍摄

图 67 反映了"金鱼碗症状",很多地方都有问题:

·那些曾用来看商品的商店橱窗现在总有路人看进来,使得顾客只好尴尬地回望着路人。

·有趣的是,这反映了背朝窗户的顾客大多是男性,可以让外面的女性暂时忽视身边的伴侣,看一看窗内的风景。这是一种不均匀的二元性(男性和女性即这里的二元性;见第 7 章"规划概念")。在日光的照射下,男性的脸很难被同伴看清楚,因此侧对着窗外对情侣来说是更好的布局。

在图 68 中,我们看到的是一个让人在里面能够放松下来喝喝咖啡的空间,但是事实上这个空间里充满了紧张不安,比如:

·柜台服务的空间太小,排队的人和分散的家具都显得拥挤。

·楼梯突兀地插在咖啡馆里,让人感觉它是以前遗留下来的。

·整个玻璃房子的前端将室内靠前部分的空间暴露在了外部的行人面前,但却造成了室内日光的不平衡。明亮的前部和黑暗的室内形成了一个过大的明暗对比。

## 看不见的入口

图 69 伦敦大学建筑。由作者拍摄

入口在哪里?许多现代建筑的建筑师尤其关注整体的构造形态,以至于如果标明入口反而会破坏它们结构的完整性。可结果却让参观者对此充满了疑惑。

图 69 中,伦敦大学建筑的入口并没有用什么重要的标示,甚至消失在建筑的模块结构中。我的小教堂将入口转到了背面,然而道尔之家(Glendower House)(图 70)则是用一种典型的古典形式明确了入口。路两边的对称、圆柱和支墩都指出了通向入口的路线。

**图 70** 道尔之家（Glendower House）（小教堂的改造，2002 年）
设计师：安东尼·萨莱（Anthony Sully）。建筑师：格雷厄姆·弗拉克拉（Graham Frecknall）。照片：肯·普莱斯（Ken Price）

## 缺乏队列的规划

排队是一种英国式的热情。我们有序地排着队，遵循先到先得的原则，等着轮到我们。但是在很多情况下这些队伍会把空间打断，因为设计师没有为它们留出足够的位置。这使得队列中没有什么令人满意的视觉感受，让人可以享受排队的过程。人们站在那儿只是为了等待服务。而且这些队伍可能还挡住了门口、通知栏或者别人的路。

## 隐蔽的照明

隐蔽的照明可以安装在吊顶边缘的后面，制造出一种天花板漂浮的效果，让层层叠叠的光线铺在墙面上。但是这种效果也可能被某些吸引目光的东西破坏，比如看到某部分不该被看到的装置裸露在外面。

## 家庭室内空间方面的问题

我的重点在于提供房屋的公共主体。在今天的英国，是建造者根据成本标准来工作的，而按照这个标准所规定的贫困等级，与现代生活应有的标准背道而驰。我觉得下列条目应该得到严肃关注：

- 卧室。没有一个房间像卧室一样，在某种意义上只是为了用来睡觉。这个空间越来越像是一个卧室兼起居室，特别是在年轻人看来，它甚至可以当作书房和生活区。可设计师仍是根据传统标准在设计住宅，并没有去适应这些生活方式上的变化。空间变得很有局限性，甚至可能造成不愉快。

- 房间之间的隔声太差，可能会导致家庭矛盾和隐私的缺乏。

- 储物空间不足是一个严重的社会问题。有多少人真的把他们的车停到了车库里？车库总是同时兼工作室、花园小屋、公共空间和储藏室，正说明了这些区域的缺乏。阁楼空间形成了一个生活区和屋顶的隔断，而且总是被当作一个重要的储藏地。在家中一定量的可用空间里，设计师要合理地分配出储藏空间，而不是把这个难题留给业主去解决。

- 前后入口。家庭的室外活动（尤其是那些跟宠物一起的）很多也很频繁。总是没有足够的空间来晾外套、帽子、围巾和存放鞋子、靴子，更别说是附带的设备比如拐杖、电筒、地图、帆布包、野餐盒等等。

- 楼梯。这里是意外发生的主要来源，所以设计时需要特别留意。为什么把台阶做得那么陡峭？为什么不每三步设置一个楼梯平台来打断它们？这必然否定了密集的规划和楼梯对空间的占用，以及可能因此而加大的工程成本。但是考虑成本不该不顾人身安全和舒适感。

- 门。是另一个可能发生意外的地方，尤其是对孩子而言，他们可能会夹到手。猛地关门还会产生噪声。试想一下一个沉重的门板，2m×80cm（6.5ft×31.5in），沿着圆弧状摇摆，这将会是一个多么致命的东西。所以设计师需要更加留意。

- 玻璃。普通玻璃安装在家里会造成很多意外事故，因此所有地方必须安装钢化玻璃。在许多案例中，设计师刻意使用普通玻璃而不是更加坚硬的钢化玻璃，不管是为了追求设计感还是把它当成一种时尚宣言，这都是最烂的理由。

- 浴室。我最大的希望就是每个住宅都要专门为男士设置墙上的便器。对于男性来说站着向坐便器里小便是很不卫生的。如果不安装墙上的便器，让男人们像女人一样坐在坐便器上，社会压力就会日渐显露。

- 厨房。这是住宅里最危险的房间了。那种把厨房做成经销商展厅的设计完全与实际需求背道而驰。看看下面的建议吧。

图 71　改造的"法兰克福厨房"，1962 年由玛格丽特·舒特－里奥茨基（ Margarete Schütte-Lihotzky ）设计。维基共享资源。照片由 Christos Vittoratos 拍摄

## 关于厨房的建议

家庭式厨房的整个区域需要经过彻底的检查。孩子们不能碰任何烫的东西。时刻记住所有的滚刀要跟厨房用具一起设计，这样它们才能刚好放进橱柜里而不用担心厨具被撞倒。

所有储物柜只能做成 350mm（13.75in）深，离地面 500mm（19.5in）。去拿深搁板后面的东西很困难。为什么还要把柜子装在地面上，让人不得不弯下身去才能取东西？而且这让小孩和宝宝也够得到。

最早的"合适"厨房（fitted kitchen）是 1926 年由澳大利亚的建筑师——玛格丽特·舒特 - 里奥茨基（Margarete Schütte-Lihotzky）设计的"法兰克福厨房"，它被恰当地设计成了一个整体的空间。基于一项工作研究中的观察，它的实用性很强但又十分简洁，就像一个高效的烹饪机器，减少到 18 个基本步骤的最小化。玛格丽特（Margarete）的灵感来源于铁路厨房，并被小小空间里竟可以做那么多的事

所打动。这个设计也是响应了女人们的需求，减少她们在厨房里的时间，让她们有更多的精力去工厂工作。这也是对妇女解放运动的一种赞扬，提供为女性领域而考虑的一个解放的、特定的空间。这是现在所有适合厨房的先驱。不幸的是，人们开始不喜欢这个榜样了，因为它太刻板了，缺少温暖又太小。

这种专业化的重估工作在家中开始被看作女人在厨房中的限制。现代主义运动中许多冰冷、裸露的风格特征也因为过于简朴缺乏人情味而被排斥。这些例子都说明了人类对某种空间类型确实有本能的欲望，设计师应该去理解这些需求，而不是把与基本需求无关的意识强加给业主。

## 人体测量

人类的人体测量数据是个重要的设计来源。这个图解是从几个不同的角度画的，包括平面视角，里面的尺寸也给设计师提供了重要数据。室内空间

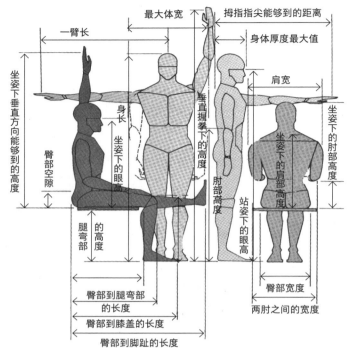

图72 "人体测量"图，由 J. Panero 和 M. Zelnik 再版，《人体尺寸与室内空间》，1979：30

的设计离不开这些知识。这些信息和人体运动的数据，使得用第 2 章中的元素可以计算出使用者在室内的活动。

　　人体工程学领域，重在研究人类和他们对外界各种状况的反应，同时也加入了一些图片。由专门的人体工程学者进行研究，他们为动力机器和特定功能家具的设计师们提供了详细的信息。

## 测绘我们的物质环境

　　为了对设计进行整体规划和设计细节，我们测量了人及其周围的空间。为了完成这项工程，在画建筑的时候需要用到网格和坐标，第 7 章中有所解释。下列直接在人体图解周围测绘空间的想法是它的一个延伸，并且可以帮助某些科学家把空间和物质与生理性质联系起来。

　　Bloomer 和 Moore[4] 引用了 Hartley Alexander[5] 在生理坐标所描述的七个方向点（也就是人对环境的感官反应），七是一个有宗教色彩的数字，由人

在宇宙中最原始的投射而描绘出他的世界观。在水平面上，是指前后左右，在垂直平面上，是指上下。第七个方向点就是中心的那个。图 73 展示了六个有用的方位，来概括 3D 空间结构。

　　描述身体各个部位时，用医学专业术语来定义位置和方向。一个器官或是整个身体可以用三个平面来描述，矢状面、正平面和横断面（见图 74）。

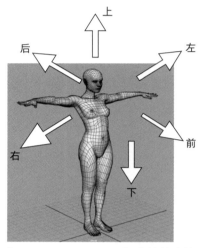

图73　人体平面。Joel Mongeon 提供的基础模型。（www.joelmongeon.com/4.html）

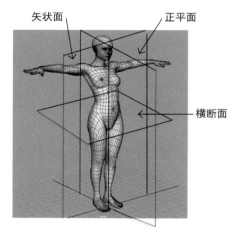

图74　矢状面，正平面和横断面。由 Joel Mongeon（www.joelmongeon.com/4.html）提供的基础模型。由作者作再修改。这种测绘方法用于医学专业

# 人类活动分析

|  | 设计师<br>及顾问 | 造房者<br>及其他 | 房屋使用者<br>业主 | 房屋使用者<br>访客 | 客户<br>调试专员 |
|---|---|---|---|---|---|
| 关键词 | 客户要求的翻译 | 制造<br>安装<br>准备 | 操作者/工人<br>服务 | 客人 | 房子的主人、住户<br>或者客人 |
| 主要作用 | 研究员<br>创造者 | 手艺人<br>工匠 | 永久居留权 | 短暂的拜访 | 提供资金 |
| 持续的时间 | 工程期间 | 工程期间 | 雇佣合同 | 约会确定的时间 | 永久兴趣/<br>暂时兴趣 |
| 责任 | 设计监督的适当性 | 安全<br>良好工作、订单<br>标准 | 高效<br>生产力<br>服务 | 合作的<br>周到的<br>留心的 | 支持的 |
| 设计师的主要任务 | 设计和工程监督 | 提供图纸和详述 | 计划性<br>质量保障<br>工作状态<br>建造<br>持续 | 有计划的<br>有方向的<br>有引导的 | 满足预算 |
| 平时的工作提供者 | 客户 | 设计师 | 客户 | 外部 | 自己 |
| 工程期间的住处 | 50% | 100% | 10% | 0% | 30% |
| 完成后的住处 | 0% | 0% | 100% | 30% | 5% |

多角度观察、记录和分析人们在房子里的各种活动，是设计师的责任。这项工作提供了设计师关于人类形态的数据信息，这是在设计之前就要做的。我选了一组设计合同中的主要人员作为例子，比较明显地分析了人们在一项事务中的共同工作。这些人有：设计师、建造者、建筑使用者（住户，或者暂用的人）、访客，以及客户/代理商。注：百分比是估计的。设计师可以扩展这个图表，使之包含更多有用的信息。

# 物质生活的进步

对设计师来说，欣赏人类的进化过程是很重要的，它和规模及时间有关。科学和哲学领域的专家的著作可以激发人的灵感，因为它与这个星球上生命的形成有关。有越多的门窗向世界和它的过去与现在打开，就有越多的设计参考。为什么要给丰富的点子和信息资源设限呢？根据所有的科学证据，

| 生命的起源 | 46亿年前 | 35亿年前 | 5.43亿年前 | 100万年前 | 50万年前 |
|---|---|---|---|---|---|
|  | 地球形成 | 第一个生物 | 寒武纪 | 第一个人类生命的<br>证据 | 现代人类 |

生命物质的发展
植物→鱼→两栖动物→飞虫→哺乳动物→人类

这样的研究解释了地球是怎样形成的，它是什么和我们是谁。关于我们为什么存在的问题促进了宗教和哲学的研究。

我们的祖先和早期部落对大地和天空的神奇是充满敬意的，因为他们对此十分谦卑。他们不像我们现在这样了解事物存在的缘由。如今，已经经过了许多个世纪，我们发现了许多新事物，获得了许多知识，于是，我们失去了早期社会感受事物时的那种敬畏感，变得麻木了。直到遇到地震或者其他自然灾害的时候，我们才感到害怕。但是那种害怕是因为我们的生命受到了威胁，而不是源于未知。由于生存的需要，通过人类两个主要特征的发展，不断地在进步。

1. 制作可供日常使用的工具的能力：这是现在被我们称作科学和技术、贸易和生产的东西。

2. 思考过程中产生的内心和精神上的幸福：这些给了我们艺术、社会团体、法律和政治。

亚里士多德（Aristotle）[7]，在他的《物理》一书中，说到人类是由大自然创造的，在某种存在和行动中去寻找快乐（这本书主要是关于自然万物根据地点、运动和寿命的变化）

在生物学中，几何和比率的基础作用甚至更明显，当我们认为每时每刻，不管是有机物还是无机物，每个分子中的每个原子都在改变，都在被替代的时候。我们中的每个人，在五年到七年后都会变成一个崭新的个体，直至身体的最后一个细胞也被替代。[8]

罗伯特·劳勒（Robert Lawlor）

这个生命循环的过程让设计师不得不留意，因为我们有责任了解：

· 我们用的材料的产生和它们的来源；
· 它们的优点、属性和特性；
· 它们是否促进生命的健康而且不破坏生态平衡；
· 它们的使用寿命——由于穿着和磨损；

· 我们创造室内空间时原本计划的用途；
· 长期使用导致的变化——空间的占用、人员、建筑附加服务和文化用品。

## 谦卑地思考

渺小和谦卑是美丽的。[9]

E·F·舒马特（E.F.Schnmacher）

建筑和设计理论都离不开科学，而在所有的科学中，生物学早就有了。[10]

菲利普·斯特德曼（Philip Steodman）

我们面对的所有事情都遵循一个关于规模、尺寸和比例的问题。我们需要从可辨认的最小标记了解到室内空间里大规模使用的元素。下面的例子是生命结构的开端；它们有一个中心点，有自己的形状。根据生物种类的不同，细胞形状也千变万化。

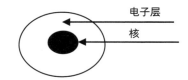

原子：
生物中最小的粒子
一个人 =10 亿个原子

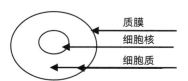

分子：
最小的粒子
维持物质形状的东西
有机和无机的

细胞
生命物质的单位质量。人体有 $10^{18}$（$1000\text{million}^2$）个细胞。可以利用原有物质自己繁殖。

克劳德·贝尔纳迪（Claude Bernardi）[11]，19 世纪一位法国的生理学家，提出所有由细胞组成的生物体，都是通过细胞的随机混沌运动来适应环境的。

通过以上三个例子，"细胞"这个词在设计领域也已经被使用——比如用来形容"分隔式办公室"（一种与开敞式平面布置相反的围合型办公室）。在自然界中，蜜蜂会在建造蜂巢的时候使用一种细胞型的结构：

蜜蜂在它们的巢穴里建造蜂蜡做的蜂巢。蜂巢是用六方柱的结构——巢室——一个挨着一个，用储存的蜂蜜、花蜜和花粉给小幼虫提供成长的温床。蜂巢是自然工程的奇迹，用尽可能少的蜂蜡来打造最多的储藏空间，保障最大的结构稳定性。[12]

达尔文计划

蜜蜂建造蜂蜡做的　产生六边形的结构　最终的蜂巢
巢室一个挨着一个

图 76　圣母百花大教堂，佛罗伦萨，图片来自 Shutterstock（美国一家摄影图片网站）。作者：Circumnavigation（周游世界）

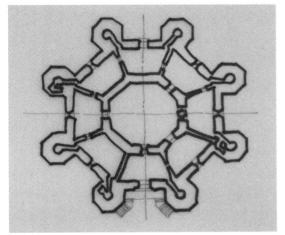

图 75　蒙特堡（意大利，公元 1240 年）的平面图解。作者画

六边形和八边形的结构常常带给建筑师和设计师灵感。两个 13 世纪的建筑都是关于八边形运用的好例子。意大利南部的蒙特堡，当时是为腓特烈二世（Frederick II）建造的，毫无疑问是一个独特的早期利用八边形设计建筑的例子。建筑师阿诺尔福·迪坎比（Arnolfo di Cambio）在佛罗伦萨设计了圣母百花大教堂（Cathedral of S. Maria del Fiore）。然后在之后的 1420 年，布鲁内莱斯基（Brunelleschi）设计了绝妙的八角穹顶。在本书靠后的部分可以看到，几何知识对于设计和规划非常重要。

这样的物质并不能产生什么、改变什么、起什么作用，并且不管我们以后会不会简化它们的术语和描述它们的方式，我们必须一开始就明确了解，精子、细胞核、染色体或细菌等离子并不会单独起作用，它们只能是能量产生的场所和力的中心。

达西·汤普森（D'Arcy Thompson），《生长与形态》

## 类比

下面这些人因他们的理论而闻名，他们认为生物是设计和建筑灵感的来源。

### 亚里士多德（ARISTOTLE）

亚里士多德（公元前 384 年到公元前 322 年），希腊哲学家和数学家。他认为"整体"意味着自然界中结构和连贯性的结合，并且会激发设计师的灵感。视觉上的表现和实际的功能是相互关联的。他提到生物体的运作其实和机械零件类似。

### 笛卡尔（DESCARTES）[13]

勒·笛卡尔（René Descartes），法国人（1596-1650 年），将人体的器官与机械运作中的零件联系在一起。

## 居维叶（CUVIER）[14]

乔治·居维叶，法国人（1769-1832），是一个博物学者和动物学家，一个设计师的重要来源。他研究有机体与环境的关系。他著名的学说"器官互相关联规律"引出了连贯性和整体性的概念。他的作品曾为19世纪的建筑师维奥莱·勒德（Viollet-le-Duc）和森佩尔（Semper）的建筑分析提供了研究模型。

弗朗西斯科·迪·乔治（Francesco di Giorgio）用刻画人物的方法证明了怎么将这样一个教堂的设计中的中央和纵向的部分有机地结合。[15]

鲁道夫·威特科尔（Rudolph Wittkower）

## 勒·柯布西耶

瑞士的建筑师勒·柯布西耶，在《我的工作》（1960年）中第一次提出了人体的部位与建筑相类似。[16]

呼吸＝通风　　神经系统＝电源
排泄物＝排水、垃圾系统
饮酒＝供水　　血液循环＝进出的人

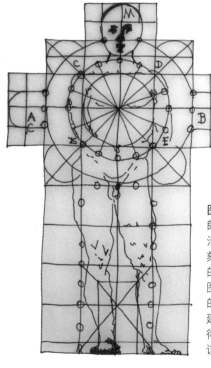

**图77** 最初由弗朗西斯科·迪·乔治1470年所画。刻在一座理想中的教堂上的男性图解。人体形态的组成在宗教性建筑的规划中变得影响力极大。该图由作者临摹

## 有用的理论和哲学

设计师和建筑师在设计的时候是以某个理论或是哲学原理为基础的。许多地方都能给他们灵感，正如本书要解释的。下面的例子就显示了一些这样的原理：

## 简·皮亚杰（JanPiaget）

这个出生在瑞士的儿童心理学家（1896-1980）总结道：孩子们通过同化和调节来适应这个世界。同化是一个人从环境中获得信息的过程，可能意味着改变他们的感官所得到的信息来适应环境。调节则是使得一个人的意识或观念区别于他人的过程。[17]

## 理性主义

一些理性主义的支持者争论：由基础性的原则展开，像几何的公理那样，人们可以根据它们演绎推导出其余所有可能的知识。延伸阅读：苏格拉底、笛卡尔、斯宾诺莎和莱布尼茨。

## 经验主义

经验主义的观点认为，我们所有主意都来源于经验，无论是通过五个外部感官或是内部例如痛苦和快乐的直觉。因此知识本质上是源自经验。延伸阅读：约翰·杜威（John Dewey）[18]、威廉·詹姆斯、约翰·洛克、乔治·伯克利和大卫·休谟（David Hume）[19]。

## 行为主义

行为主义是一种基于心理理论的哲学：所有生物做的事情——包括运动、思考和感觉——也可以必须被看作行为。延伸阅读：B·F·斯金纳, J·B·华生（J.B.Watson）[20]。

## 格塔式心理学

格塔式心理学的知觉或同构，就像它所定义的那样，是关于本质或一个实体完整形态形状的研究，是关于将部分区别于整体的研究。"格塔式影

响"涉及了我们感觉形成的能力，尤其是关于视觉对图形和它的整体形态的认识，而不只是看到简单的直线和曲线的集合（进一步讨论见第 5 章）。延伸阅读关于格塔式心理学的主要理论家：马克斯韦特海默，德国心理学家库尔特考夫卡 [21]（1886-1941 年），德国 / 美国心理学家沃尔夫冈·科勒（1887-1967 年），德国哲学家康德（1724-1804 年），奥地利物理学家和哲学家恩斯特·马赫（1838-1916 年）。

## 人际距离学 / 人际交往

　　人际距离学是由人类学家爱德华·豪尔 [22]（Edward T. Hall）在 1966 年提出的。这是一项关于人与人交流时他们之间设定可测距离的研究。人之间的距离和表情，在豪尔看来是人们对感官的波动和变化的无意反应，比如声音和音调的微妙变化。人与人之间的社会距离必定与物理距离相联系，下列描绘的是关于是否亲密或私人的距离：

- **亲密的距离**——可以拥抱、触碰或耳语。亲近的位置少于 15cm；较远的位置 15 ~ 46cm。
- **私人距离**——通常在好朋友或家人之间。亲近的位置 46 ~ 76cm；较远的位置 76 ~ 120cm。
- **社会距离**——通常在熟人之间。较亲近的位置 1.2 ~ 2.1m；较远的位置 2.1 ~ 3.7m。
- **公共距离**——在公共谈话的时候。较亲近的位置 3.7 ~ 7.6m；较远的位置大于 7.6m。

　　艾伯特·梅拉比安（Albert Mehrabian）[23] 因他在无声交流（肢体语言）领域的先进研究而闻名。他的理论研究和实际经验帮助验证了一个人的肢体语言，传达喜欢、不喜欢、权力、领导力、不舒服、不安全、社会吸引力、说服力时微妙的方式，以及检测别人是否在说谎的方法。传授交流方法和提高领导力的教练以及政治运动的领导者常常会用到这些。

　　梅拉比安教授主要的理论贡献包括一个为了清晰综合地描述和测量情绪的三维数学模型。他的情绪刻度被用来评估顾客对产品、服务和购物环境的反应。另外，它还可以用来评估一个工作地点、一个广告、一个网页、一种药品或毒品对情绪的影响。他还有一个与之类似的三维性格模型，这是一个用来描述和权衡个体间差异（如焦虑、外向性、成就、换位思考、抑郁、敌对和合作性）的综合系统。延伸阅读：艾蒂安·朱尔·马雷（Etienne Jwles Marey）[24]，埃德沃德迈布里奇（Eadweard Muybridge）[25]，罗伯特·索默（Robert Sommer）[26] 和大卫·坎特（David Canter）[27]。

## 遗传学

　　生物学家理查德·道金斯（Richard Dawkins）对我们遗传且一直保留并还将世世代代延续下去的个人特征作出了一个绝妙的解释：

　　技术和技巧的逐渐提高被"重复符号"用来确保他们自己继续存在这个世界上，这样的事情有没有尽头？有很多的时间可以用来提高。什么奇怪的动力源会自我保存一千年？40 亿年过去了，古老的"重复符号"命运如何？它们没有灭绝，因为它们是过去的生存艺术大师。但是不要试图去寻找它们，它们可能散漫地漂流在海里，早就放弃了无谓的自由。现在它们挤满了聚居地，巨大的伐木机器人在里面很安全，它们封锁了外面的世界，通过曲折的线路与外界交流，通过远程控制进行操作。它们在你身体里也在我身体里，它们创造了我们，我们的身体和思维；它们的保留是我们存在的最后根据。它们走了很长的路，那些"重复符号"。现在它们被叫作基因，我们是它们存在的载体。[28]

　　帕拉斯马（Pallasmaa）论证了我们的生命在这个星球上的起源有多么重要（见第 2 章第一要素：环境），证明了我们的感觉在这个过程中起到的关键作用。

　　建筑是一门在我们和世界之间进行调和的艺术，这种调节是通过我们的感觉实现的。[29]

　　尤哈尼·帕拉斯马（Juhani Pallasmaa）

## 理解使用者的需求

设计师需要在设计前提些问题，这样对他们作决定会有所帮助。设计师得站在建筑使用者的角度去想象他们的需要和他们可能会问的问题。这个图表对于设计师主要要考虑和处理的问题，可以给你一些启示。

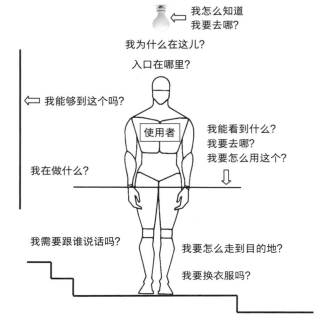

### 回顾

本章的信息对设计师有多重要？这项研究将为设计师所有的项目工作提供援助。设计师应该建立他们个人的研究文件，对以后可能有用的素材做持续的收集和定期的清除，所以高效的整理和规划是必不可少的。研究具体项目的时候，你就可以参考自己个人的研究文件了，遇到有特定任务的活动也可以有针对性。下面的列表中详细指出了本章对于

设计师的重要性，无论是在设计团队中工作，还是为客户或使用者工作，或是与工人和技师合作。

### 设计团队

· 让你可以洞察每个人的表现。
· 帮助你理解别人的观点。
· 帮助你评价性格和态度。
· 会激起合作精神。
· 帮助改善你自己的哲学和理论立场。

### 客户

· 提高你解释说明的技巧和概括能力。
· 增长你在任何情况下面对客户的自信。
· 加强你设计和陈述的能力。
· 给你的设计策略提供素材。
· 提高你的管理能力。

### 建筑的使用者

· 让你对人们的需求更加敏感和了解，以便于对特定的项目有针对性。
· 这些信息将使你匹配技术与用户活动。
· 你可以对空间进行定义和定位，以求与客户的想法达成一致。
· 你将会非常了解你的设计对使用者的影响。

### 建造者 / 安装工

· 你将会了解信息沟通的重要性。
· 你会变成一个更好的团队合作者。
· 你的指令和说明会更加清晰和合适，令人赞赏。
· 项目追踪和监督技巧会有所提高。

# 第4章 几何和比例

## 关于本章

本章从定义、测量、数字和理论方面调查了几何学以及发达的比率系统对设计的影响。几何形状已经被设计师们世代使用，从生命之树到柏拉图式的立体图形，所以我们从追踪几何形状的发展开始，展开调查。本章还研究了神圣几何学以及某种形状是如何存在于自然形态中的。我们还将对比率理论有所关注，远从古时代开始，如古典柱式，直到像赛里奥·帕拉迪奥设计的建筑，以及法兰克福洛伊莱特与勒·柯布西耶的建筑出现。

## 形状和节奏

形状的塑造是通过几何学和测量数据来完成的。最后的完成品，是一个集合体，是按照基本的比例（尺寸、厚度、高度、平衡性和节奏）来评判的。平衡性的两大规律是对称性与不对称性。

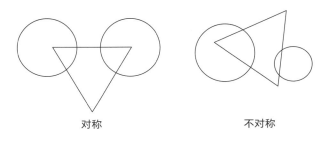

对称　　　　　　　不对称

### 节奏

如果你觉得一条线是有节奏的，这说明当你的眼睛跟着它走的时候，打个比方，你会有一种像是在有节奏地溜冰的感觉。常常一个建筑师在塑造建筑的过程中也会这样有节奏地工作。[1]

斯坦·埃勒·拉斯姆森（Steen Eiler Rasmussen）

在室内设计中，节奏可以通过一系列形状的排列来暗示，比如一排零件和他们之间的空间。实际的间距也就是它们摆放的疏密决定了这种节奏感的快慢。这个排列可以通过重复同样的元素或者在有一定共性（如颜色或材质）的不同的元素间跳跃来进行设计。音乐是一个充满节奏的典型例子。一段鼓声是相同声音（或击打）的重复，而其他乐器则产生一个由各种各样的音符按照某个特定节奏的排列。打击点之间的停顿与室内设计中视觉空间上的间隔相类似。看一下这本书中的许多插图，可以看

出都有些什么样的节奏。

## 开始

一个室内设计师把画草图当作绘制准确图纸的一个方法，根据平面图、部件图、正视图和构造细节图以及多种多样的三维图样（比如轴测图和等大图）来描绘一个室内项目。我们正在从事建造的建筑也是基于某些几何学的原理设计的，我们对室内的规划也会用到几何学和比率——不要混淆或者承认现在的几何学，而创造一种新的学科。这种几何形态有两种连续函数：

1.这是一种理性的几何构造，用可能分成几部分的线条组成网格，来帮助我们在全局中定位某个点、某条边、某条线或面——在 2D 或 3D 中。

2.将这些线变成结构、表面、物体和材料。

几何布局的设计常常会通过引用历史上流传了很久的形状来进行，这些形状在不同的模式中已经被使用了很多次。这些形状可能有象征性的联想或是来源于自然界中。就像克里奇洛（Keith Critchlow）[2] 在她的开创性著作《空间的秩序》中解释的那样，二维制图的初始步骤如下：

一个平面是一个由直线构成的二维形状。

最节约的闭合形状是直边的等边三角形，"有活跃创造力的热烈三人组的象征"。[3] 下一步就是三维结构的创造了，第一个基本的固体，四面体。这是通过从三角形的中心点延伸一条垂直线到某一点，使得产生的每一个面都是等边三角形。

除了等边三角形，另外两个广泛流传的形状是方形和圆形。

这幅"维特鲁威人"是莱昂纳多·达·芬奇在大约 1487 年画的一幅举世闻名的绘画，周围写满了著名罗马建筑维特鲁威的笔记。这幅画是用钢笔和墨水在纸上画的，从两个重叠的方向描绘了一个

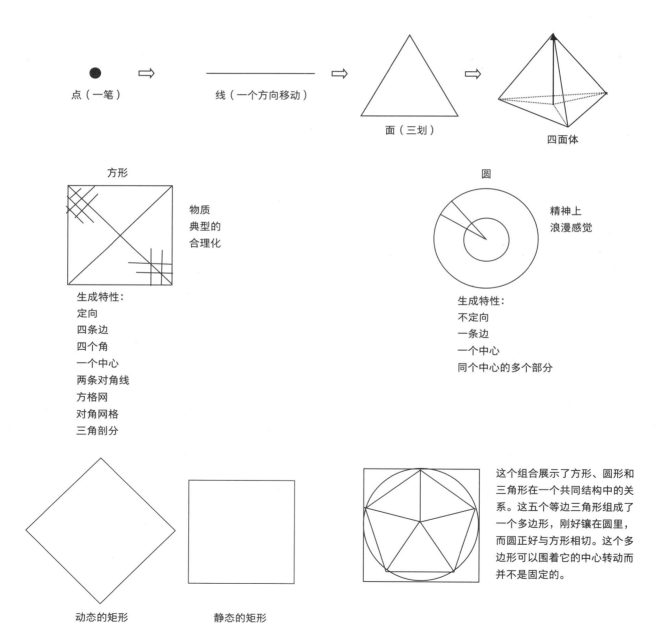

点（一笔）　　线（一个方向移动）　　面（三划）　　四面体

方形

物质
典型的
合理化

生成特性：
定向
四条边
四个角
一个中心
两条对角线
方格网
对角网格
三角剖分

圆

精神上
浪漫感觉

生成特性：
不定向
一条边
一个中心
同个中心的多个部分

动态的矩形　　　静态的矩形

这个组合展示了方形、圆形和三角形在一个共同结构中的关系。这五个等边三角形组成了一个多边形，刚好镶在圆里，而圆正好与方形相切。这个多边形可以围着它的中心转动而并不是固定的。

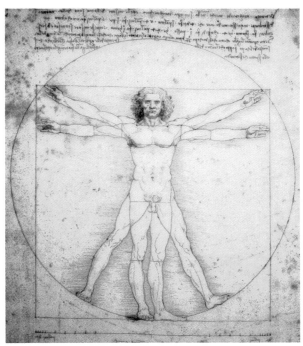

图 78　莱昂纳多·达·芬奇的作品，维特鲁威人，画于 1487 年。这幅画将图解与方形和圆形联系起来。图片来自 Shutterstock（美国一家摄影图片网站），由 Reeed 拍摄

男性人体，并单独画了他的胳膊和腿，同时刻在一个圆形和方形里。这幅图已经变成了激发一代又一代设计师灵感的圣像。

中国（和日本）的禅宗佛教是大乘佛教的一个学派；"禅"的意思是"冥想"。它描述了宇宙第一次使用完整的圆然后是三角形，到最后构成明显的方形形状，从右往左重叠：

## 一些定义和引用

设计涉及测量和计算，我们的想法源于遗传以及后天形成的理论和信仰。记录下我们使用的工具的起源是很有用的：

- **几何学**——第一个被人类用来分割和测量农用土地的方法。[4]
- **数学**——来源于希腊单词 mathesis，意思是旧事、回忆。毕达哥拉斯认为智慧就是提出了这些潜藏在我们之中的规律。
- **学说**——从希腊单词 theos 而来，意思是的从内部和外部看穿一个人的能力。
- **宗教**——来自拉丁词语 ligare，意思是连接我们自己和藏在我们的存在之下的东西。
- **美学**——来自希腊词语 aestheticos，观察力的意思。

几何学是通过图形的测量和关系研究空间秩序的学说。[5]

罗伯特·劳勒（Robert Lawlor）

几何学是形状的核心，而计算是几何学的核心。[6]

劳伦斯·布莱尔（Lawrence Blair）

几何学是发明之母。[7]

路易·汗（Louis Khan）

几何学是我们最伟大的发明，我们被它深深吸引着。[8]

勒·柯布西耶

# 几何学理论和比例

## 生命之树

生命之树出现在许多古代的信仰和宗教仪式中，正如罗杰库克在他的书《生命之树》[9]中解释的那样。它是一个生长中心的象征，通常是一棵树的形状，穿过三个空间，天堂、人间和地府。这个垂直的宇宙轴线出现在三个常用图形中：柱子或者两极，树木和山川。

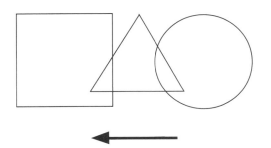

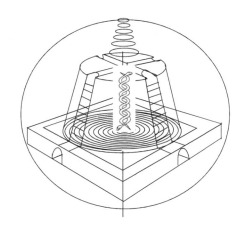

这座巨大的建筑由方形的基座和上面的圆形结构构成。这条中心轴线叫蒙迪（mundi），从螺旋的基底上生出来，像缠结在一起的蛇，形成一个双螺旋DNA结构。生命之树也被当作是统一和爱的象征。

垂直状物体的灵感来自男性生殖器，在我们环境设计中很普遍，在全球范围内形成了一种竞争，看谁能建造全世界最高的楼房。它保留了设计中一种有力量和象征性的组成部分。

## 数字

我们用数字来进行测量和计算。所有数字从一到十都有象征性的关系，以下是我发现最有趣的一些[10]：

0. 无—无限的混沌—零

1. 垂直的—我—生殖器—整体—开始—单一实体

2. 二元性—我知道我是谁—相对证明

3. 三元—智慧—和谐的稳定性—毕达哥拉斯的完美数字，因为它有开头，有中间，有结尾—三维—三个愿望—三个女巫

4. 地球—估量—测量—固体—东南西北—四个元素（地球、空气、火和水）

5. 生命形态的显性基因—规则—记忆和经历—五种感觉

6. 三组二元性—象征—对称—最具有创造性的—运气—爱—健康—美丽

7. 神圣的—神秘的—胜利—七天一周—光谱上的颜色—对世界的求知—音乐中八度的间隔—安全—维纳斯

8. 无穷的垂直标志—完美的节奏—再生、重生

9. 三个三脚架—竭力达成的目标

10. 回到一—完整

还有其他的联系是，数字六和八是那些形态以多面体（如立方体、六面体和八面体）为基础的无机结构（比如水晶）。

我们经验的内容来自一个无形的、抽象的、几何的建筑，它是由能量的浪潮组成的。[11]

罗伯特·劳勒

综上所述，在劳勒的书《神圣的几何学》中，他描述了几何学和比率隐藏的来源。

## 生命之花

生命之花是个现代名字，它是一个有着多个均匀间隔的几何图形，重叠的圆圈构成了一个六面对称的花形图案，像一个六边形。这有点类似于第4章提到的蜂巢结构。每个圆的中心都在周围六个等大的圆的圆周上。关于这个图像最早的证据来自6世纪的埃及。后来的研究表明列奥纳多·达·芬奇也用了同样的方法。好几世纪以来，设计师以这种图样为基础来制作珠宝或者其他装饰物。卡巴拉的"生命之树"用的就是这种形式以及某种字母代码。

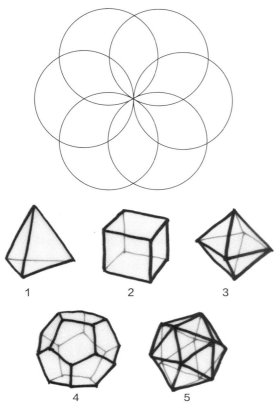

里奇洛（Keith Critchlow）。柏拉图式的立体图形的二维样式，可以用于规划目的，而三维形式可用于解决三维的构造。

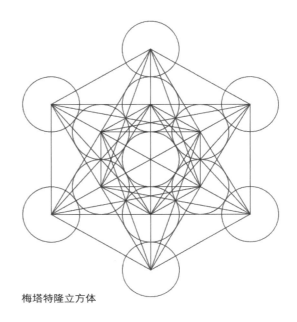

**梅塔特隆立方体**

图79 生命的种子(上);五个柏拉图式的立体图形（下）:1.四面体，2.立方体，3.八面体，4.十二面体，5.二十面体。由作者绘制

生命的种子是一个由七个圆形六面对称而形成的图形，创建一种圆形的透镜模式，作为生命之花的基本组成部分。柏拉图式的立体图形（四面体、立方体、八面体、十二面体、二十面体）都能合适地放在这个六角框架里。

柏拉图式的立体图形是由一个叫作梅塔特隆立方体的神圣的几何模板划定的。它包括中心处的一个圆形，以及与之相接的六个等大的圆形。外围圆形的中心可以连成一个六角形。图形扩展的时候，立方和六边形不断复制。整个图形与上方生命的种子相连。在几何学中，柏拉图式的立体图形是一个凸多面体，一个三维的多边形的模拟。每个图形的名字都来自它有几个面：分别是 4、6、8、12 和 20。由于它们的美和对称，柏拉图式的立体图形成了几千年来最受欢迎的几何体。它们在产品设计领域变成了许多设计师灵感的源泉，如理查·巴克敏斯特·富勒（Richard Buckminster Fuller）和基思·克

## 瑜伽中的气卦

瑜伽是一种练习冥想的形式，气卦是指身体的能量气场，在人体的中心会不断地旋转。让设计师感兴趣的是，他们在人体内部与五个柏拉图式立体图形在同一个位置。

## 五个柏拉图式立体图形

·十二面体（十二个面）
  克朗气卦
  元素：乙醚
  颜色：金

·八面体（八个面）
  心脏和喉咙气卦
  元素：空气
  颜色：黄色（代表智力）

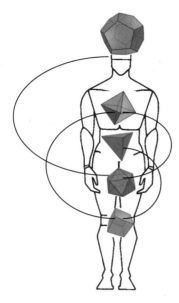

瑜伽中的气卦
五个柏拉图式立体图形
1. 十二面体（十二个面）
   克朗气卦
   元素：乙醚
   颜色：金
2. 八面体（八个面）
   心脏和喉咙气卦
   元素：空气
   颜色：黄色（代表智力）
3. 四面体（四个面）
   腹腔神经气卦
   元素：火
   颜色：红色（代表精神）
4. 二十面体（二十个面）
   生殖气卦
   元素：水
   颜色：蓝色（代表情绪）
5. 立方体（六个面）
   基础气卦（在脊柱的根部）
   元素：土
   颜色：绿色或黑色（代表物理的、身体的）

· 四面体（四个面）
  腹腔神经气卦
  元素：火
  颜色：红色（代表精神）

· 二十面体（二十个面）
  生殖气卦
  元素：水
  颜色：蓝色（代表情绪）

· 立方体（六个面）
  基础气卦（在脊柱的根部）
  元素：土
  颜色：绿色或黑色（代表物理的、身体的）

## 阴和阳

美丽的中国道教阴阳符号指的是两个对立互补部分组成的一个整体。每个事物都有阴阳两面，即使阴或阳的元素可能在不同的物体或不同的时间里

明显要更强烈一些。常见的二元对立有男性/女性，左边/右边，白天/夜晚，等等。

## 神圣的根源

神圣的根源是神圣几何学，神圣几何学是哲学、科学和数学领域的研究，探索在这个行星上的生命。罗伯特·劳勒在每个正方形边长为1的情况下描述了下列根源：

神圣几何学中两个最重要的元素，圆形和方形，在自身分裂的时候引起了这三个根源。这些根源被认为是原动力，或是形态出现或转变成其他形态的动力原理。

罗伯特·劳勒

## 黄金分割

几何学有两个伟大的宝藏：一个是毕达哥拉斯的定理；另一个是一条线的极端划分和平均比率。第一个可以与黄金相衡量，第二个可称作是珍宝。[12]

约翰尼斯·开普勒（Johannes Kepler）

这个比率是怎么被发现的目前还不是很清楚，但是古希腊的数学家们第一次研究出这个现在被我们叫作黄金比例的东西是因为它在几何学和自然界中的频繁出现。他们用希腊字母 phi（$\varphi$）来表现它。黄金比例或者黄金分割，是一条线的极端和平均比划分，是定期五星和五边形的几何。生物学家、艺术家、音乐家、历史学家、建筑师、心理学家，甚至神秘主义者一直在思考和讨论它的起源与吸引力。

黄金比例也有比例系统：

```
        1                    0.618
―――――――――――――――――――|―――――――――――――――――――
a                        b                c
   比例ab：bc=φ    ac：ab=φ
```

用代数方法是 $\sqrt{5}-1$，数值是 8：5，或比例是 61.8%：38.2%。[13] 比例 8：5 也是斐波那契（Fibonacci）[14] 数列的一部分，斐波那契数列是一行数字，前两个

神圣的根

√2

原生的

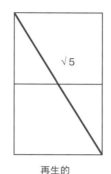

√5

再生的

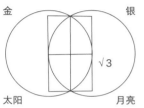

金　　　　银

√3

太阳　　　月亮

构成要素

两个圆形相交，形成了一个双鱼囊。两个方形放在它的交线上，中心的垂线是√3。

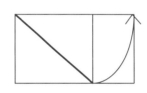

长为 2 的平方根的矩形和边长为 1 的正方形。
做法：以对角线为半径做圆弧。
这种比例在 DIN（德国工业国际"A"规格）和纸尺寸（A4 等）中使用。

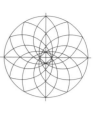

这向日葵的中心展示了种子的两个联锁螺旋样式。整个样式由一系列有比例关系的方形围绕一个中心点排列而成。一个又一个方形的比例关系图所示，遵循黄金比例。

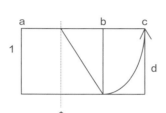

黄金矩形
取一个边长为 1 的正方形，将它的一个边长一分为二，然后以重点为圆心做圆弧，从而形成新矩形的长边。ac.1 ab:bc = φ
ac:cd = φ

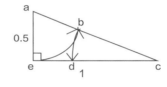

取一个直角三角形，如图，边长 ae=0.5，ec=1。画圆弧 eb 和 bd，dc : de=φ。

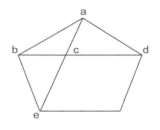

如图，用两根线 bd 和 ae 划分一个正五边形。它们相交于点 c，形成黄金比例，ac : ce 和 bc : cd。

数的和等于后一个数，第二第三个数的和又等于第四个数，以此类推：0，1，1，2，3，5，8，13。这列数字的特别之处在于它包含黄金比例数字 5 和 8。

　　这体现在以螺旋形式存在的向日葵中：向日葵的中心展示了种子在两个联锁螺旋形状中的样式。总体样式是由一系列比例上有所联系的方块围绕着同一个中心点排列。每个方块到下一个方块的比例关系，如图所示，遵循着黄金比例。

　　用同样的基础来构建黄金长方形，而每个长方形都通过黄金比例来自我复制，然后越来越大。

　　下一页上的鹦鹉螺是自然界中一个等角螺旋的例子。

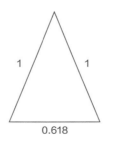

黄金三角形
等腰黄金三角形，两个长边为 1，短边为 0.618。

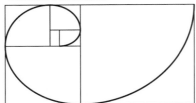

等角螺旋（黄金螺旋）

鹦鹉螺

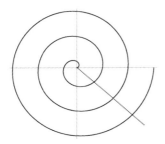

阿基米德螺旋

### 阿基米德螺旋

阿基米德螺旋（也称为算术螺旋）是根据希腊的数学家阿基米德命名的。对应的轨迹点的位置，随着时间的推移，以一个恒定的速度和恒定的角速度旋转着，沿着一条固定的线远离那个固定的点。这非常类似于一系列的同心圆。如果你从中心任意画一条线向外辐射，你会发现每条曲线与下一个是等距的。

### 土星广场——水银魔方结构的衍生物[15]

这是西方最小的神秘魔方系列，已经流传了很多年。五，是人类的数字，是中心的数字。"女性化"的偶数被放在了四个角落，并从左上角开始。"男性化"奇数和从底部虚无的深渊中产生的原始数字，被放置在剩余的位置，数字九被放在了最顶端的位置，超越了零，超越了生活的目标。无论你是沿垂

| 2 | 9 | 4 |
|---|---|---|
| 7 | 5 | 3 |
| 6 | 1 | 8 |

直、水平或对角线将数字相加，和都是十五。历史上许多宗教都提到了数学，特别是魔方。它们为设计师提供了源源不断的灵感。

## 弗兰克·劳埃德·赖特设计的国内住宅，几何学在设计中的应用

这些房子的平面图（图80）都包含了相同的房间数，并且，赖特通过每个房间的不同形状（如方形、圆形和斜线形），论证了给客户提供一个方案是多么的容易。当然最终的解决方案还是要取决于客户的选择以及利弊的详细比较。

# 比例系统

理论是可以用比例的理论论证和说明的。[16]

维特鲁威

阿恩·雅各布森（Arne Jacabsen）[17]因为他的比例论而闻名。事实上，他认为这是他的作品的主要特色之一。在一次采访中他说："正是比例使古埃及庙宇变得美丽……如果去看一些文艺复兴时期和巴洛克式的建筑，我们会注意到它们都是匀称的，这是基本的东西。"

意大利建筑师阿尔伯蒂（Alberti）[18]对15世纪的建筑有着巨大的影响。他写的《建筑十书》，就是受到了维特鲁威作品的影响。他推荐了以下用于建筑规划设计的比例系统。

他还建议说，如果需要一个圆柱形的空间，那么墙高和圆形平面的直径的比例就得是1∶2或者2∶3又或者3∶4。这些比例遵循简单的音乐调和，因为每个比例法都有一种节奏。音乐是由音符语言、

间隔和旋律的连续组成的，这其实也类似于在设计中的表达。他还说，美，在于理性整合建筑所有部分的比例。这样一来，每个部分都有一个绝对固定的大小和形状，可以添加或带走，而不破坏整体的和谐。这对于任何现代设计都是一个很好的测试，确保了它的完整性和整体性。

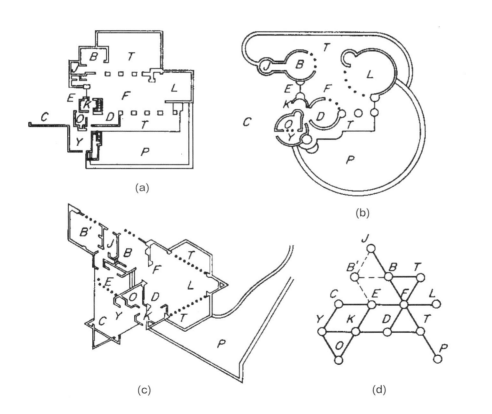

| | |
|---|---|
| B | 卧室 |
| B′ | 松特的卧室 |
| C | 车库 |
| D | 餐厅 |
| E | 入口 |
| F | 家庭活动室 |
| J | 浴室 |
| K | 厨房 |
| L | 客厅 |
| O | 办公室 |
| P | 泳池 |
| T | 阳台 |
| Y | 院子 |

图 80 弗兰克·劳埃德·赖特设计的房子的平面图。客户们有着各种差异，但有一个相同的活动列表，都跟随不同的几何基础。来自莱昂内尔·马奇（Lionel March）和菲利普·斯特德曼（Philip Steadman）的《几何环境》，出版于 1971 年。莱昂内尔·马奇

图 81 位于意大利北部曼托瓦的圣塞巴斯蒂安教堂。这个文艺复兴早期的建筑是由艾伯蒂设计的。维基共享。摄影：Riccardo Speziari

## 圣塞巴斯蒂安

意大利曼托瓦市的圣塞巴斯蒂安教堂，由莱昂·巴蒂斯塔·阿尔贝蒂（Leon Battista Aiberti）设计，第一次在教堂正面以一个拱门和窗户打破了以往完整的山形墙格局。阿尔贝蒂的最初设计方案是用壁柱取代圆柱。

教堂的平面图形似一个希腊十字架，其中长度相等的三臂居于教堂后殿中心，上面是一个不做任何内部分割的有交叉拱门的大空间。这种平面图源自公元 7 世纪拜占庭时代建造的教堂。希腊十字架平面结构在拜占庭式建筑以及罗马的圣彼得大教堂中被广泛应用。

人们通常将基于拉丁十字架的教堂与基督教联系在一起，这样的例子在中世纪的大教堂中很常见，比如下面的索尔兹伯里大教堂（Salisbury）。

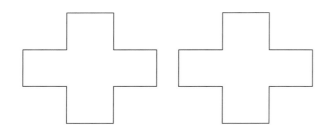

图 82 罗马圣彼得大教堂平面图。由作者绘制

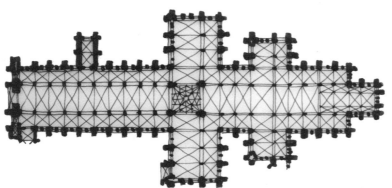

图 83 建于 13 世纪的英国索尔兹伯里大教堂平面图。由作者绘制

## 赛里奥[19]的教堂门廊设计

要再现塞巴斯蒂安·赛里奥的门廊设计，按以下步骤进行即可。建造一个真正的门廊（图表中的f-g-h-j）前，先画一个正方形（a-c-e-d），高度要足够，要考虑到门的框缘和山墙的设计。然后画出以下对角线，a-e，c-d，b-d以及b-e。它们相交叉的地方（f和g），形成门的水平头部位置。从f点和g点往下画垂直线确定门的宽度并展现出门的整个形状恰好是两个正方形。df∶fb的比例等于eg∶bg，这就是黄金比例。

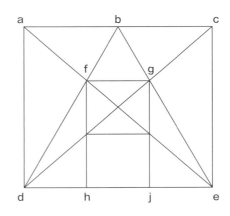

## 帕拉第奥[20]

意大利建筑师安德列·帕拉第奥设计的圆厅别墅，位于维琴察，建造于16世纪，其设计讲求完全的对称性，其平面图为正方形，四个立面中的每一面都有一个突出的柱廊。整个别墅置身于一个虚幻的圆穹中，与别墅的每一个角和每一个柱廊的中心点接触。别墅的名字圆厅指的是带圆形屋顶的中央圆形大厅。很奇怪别墅设计中这样的入口和外观重复出现了四次，尤其令人不解的是完全没有区别，没有任何迹象显示使用功能上的不同．平面图精确再现了全部的四个部分。这对邮差一定是件头痛的事。不过就别墅的入口及周围景致而言还是明显有微妙的区别，因为帕拉第奥将方位看得很重要。所以该别墅确实有一个主要进入通道和一个主入口。

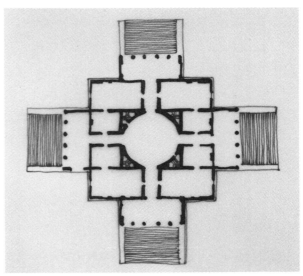

图84（上） 意大利维琴察的圆厅别墅（1566-1569），由安德列·帕拉第奥设计。他推荐用以下图形来画平面：圆、正方形、2的平方根、矩形及黄金矩形。图解平面由作者绘制

图85（左） 圆厅别墅外观。图片来自Shutterstock图片网。艺术家：tswphotography

# 经典柱式

在古希腊的建筑上有三种不同的柱式，每个都有它自己的几何原则——多立克式、爱奥尼克式和后来的柯林斯式——每个都是以圆柱作为一种基本样式的。这三种柱式被罗马人采用，改良了圆柱的柱头而得到了托斯卡纳式和综合式的柱式。罗马人对于古希腊柱式的使用和改造是在公元前1世纪。这三种古希腊柱式已经被陆续使用在新古典主义的欧洲建筑上。希腊雕塑家卡利马什（Callimachus）[21]是柯林斯式的创始人。

这些经典柱式的起源，是为了宗教、军事和城市建筑的使用而设计的，现在它们变成了超越世纪的一种标准，甚至对现代建筑也仍然有着影响。阳刚的多立克柱式是用于防御工事，而更加女性化的柯林斯式是用于教堂和宫殿。爱奥尼克柱式则是处

图86（上）经典的圆柱设计，来自《百科全书：经典规则》，18 期（18 世纪）。承蒙芝加哥大学。展示的这些经典的规则是托斯卡纳式（左上），多立克式（右上），爱奥尼克式（左中）爱奥尼克现代式（右中），柯林斯式（左下）和综合式（右下）

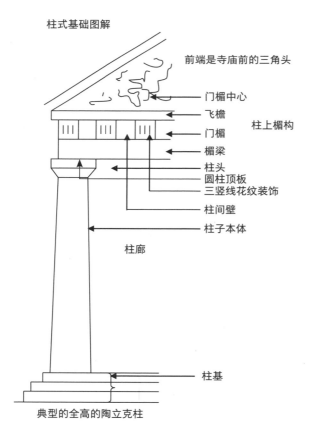

柱式基础图解

前端是寺庙前的三角头

门楣中心
飞檐
门楣　柱上楣构
楣梁
柱头
圆柱顶板
三竖线花纹装饰
柱间壁
柱子本体

柱廊

柱基

典型的全高的陶立克柱

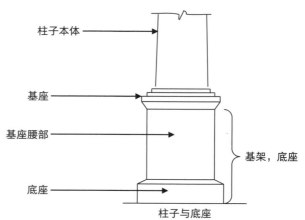

柱子本体

基座
基座腰部　基架，底座
底座

柱子与底座

图87 圣彼得广场，梵蒂冈，罗马。一条由柱子组成的廊。图片来自 Shutterstock 网站，作者：帕维尔·K

图88 评议会办公处，剑桥大学，英国。由作者拍摄

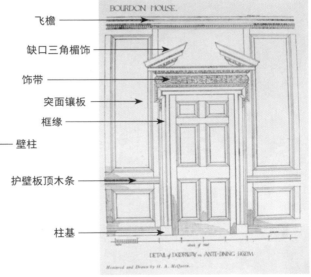

图89 波本之家，梅菲尔，伦敦，乔治大厦，18 世纪 20 年代。前厅的墙板和大门。这幅画在《阶段性房屋和它们的细节》第一版，科林·阿梅里奥（Colin Amery）（伦敦：建筑出版社，1978）主编，153 页。版权：艾斯维尔，1974

于两者之间：它提供了制造三维结构的方法，作为门面可以呈现出入口的高贵特性。每个柱式的圆柱体部分，当排成一排的时候，都被赋予了强烈的冲击力，几乎给人一系列守卫建筑的千夫长的印象。这些柱式也可以融入结构墙，成为"壁柱"，而不再是一个独立的结构。

## 勒·柯布西耶的模数

勒·柯布西耶撰写了两卷《勒模度》（1948 年和 1955 年）在莱昂纳多·达·芬奇的《维鲁特人》的悠久传统中，莱昂·巴蒂斯塔·阿尔贝蒂的工作中，以及其他在人体中发现的数学比例，然后用这

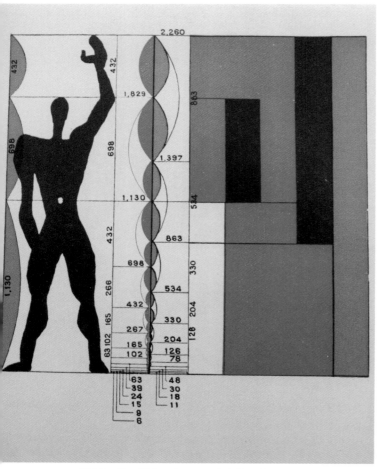

些知识来提升建筑的外观和功能。勒·柯布西耶的系统是基于人体测量，统一度量和英制系统，斐波那契数列与黄金比例。

关于天花板的高度，勒·柯布西耶建议一个家庭住宅应该测量为一个普通人伸展一只手臂竖直向上可以到达的高度。

千年前，比例用于隐喻方面的呈现，它是在某种意义上最复杂的组织原则。实际上，它只是简单描述了二维的数学比例，使质量和空间的结果令人愉悦；每个社会都可以演变出它自己独有的理想的系统比例。[22]

J·马尔纳和F·沃德瓦尔卡（J. Malnar and F. Vodvarka）

## 回顾

本章节为设计师们提供了些许帮助，根据选择的几何原则进行设计，使得他们可以更好地进行维护控制，秩序规划和三维设计。这将加强设计的理论基础和形式创造的意义。欣赏历史流传下来的几何比例是很重要的，同时也可以让我们意识到新型配置的存在潜力。

图90　勒·柯布西耶——一个人体比例称，由瑞士出生的法国建筑师勒·柯布西耶（1887–1965 年）设计。Birkhäuser 出版社出版

# 第3部分
# 直观的理解

# 第5章　感知

## 关于本章

　　本章检验了朱利安·霍赫贝格（Julian Hochberg）对一些理论的解释（如"格式塔"理论感知），协助我们理解我们所看到的东西和我们是如何看到它们的。作为设计师，我们构筑一个有序的框架，解决三维形态和空间的状况。认知心理学可以参考 Sven Hesselgren 的项目来解释，他分析了各项因素，帮助我们进行各种形状和样式的分类，也可以通过参考基斯·亚邦（Keith Albarn）对样式变化的分析来解释。本章呈现了各种演习和想象，还包括一些小测试。

　　光看架构是不够的，你得亲身体验。你必须了解它是怎样为特定目的而设计的，并且是怎样切合特定时代的整个概念和节奏的。[1]

S·E·拉斯姆森（Steen Eiler Rasmussen）

　　我们对这个世界的看法，包括四个要素:(1)光是能量，色彩的来源;(2)材料及其对应的能源;(3)眼，光的受体;(4)脑部，接收信号的翻译。[2]

基斯·亚邦（Keith Albarn）和詹妮·麦欧尔·史密斯（Jenny Miall Smith）

## 我们的认知

认知事物指的是去理解我们所看到的东西，这是一个对我们所感觉到的信息产生意识的过程，或者说是对其产生认识的过程。我们排斥混乱、不稳定和困惑，尽管某些形式的音乐和表演会希望通过这样的主题来达到震撼的效果。（这是没有问题的，因为在某种意义上这不是真实的，并且我们作为观众与这些表演还是有一定距离的，因此在这样一种程度上的接触还是安全的。）然而，通过室内设计，我们要应对各种年龄层次的人，他们作为参与者，接触着一栋建筑物理方面的安全性问题，并且，他们的生命决不能受到威胁。我们读懂一个室内设计的构成部分通常按照下面的步骤：

· 任何移动的东西——以确保我们没有处于危险之中
· 其他人——他们是我们的同伴，对我们很有帮助
· 根据距离、尺寸和规模认知空间
· 关注大墙面而不是一些小地方
· 灯光效果——不论是自然光还是人造灯光
· 大的引导标志，如果有的话
· 底板
· 顶棚

换句话说，我们要按从大到小，从前面到上面和下面的顺序来读懂它。考虑到人们总会做出错误的判断或是从设计师想传达的信息里选择不同的部分：他们会走上错误的道路，忽略或是过分关注某样东西，这都会给他们带来不愉快或是不安的感受，因此当设计师进行设计时，必须要慎重考虑人们在这些方面对室内空间的反应。

## 理解我们所看到的

几年前，乔纳森·米勒博士[3]（Dr. Jonathan

图 91　书店，剑桥，英国。承蒙剑桥惠准

Miller）在英国电视节目上做了一个实验，他不经过任何事先的准备，在白色背景上随意涂了几块黑色形状，然后他让观众来看看，他们是否能从这些涂鸦中识别出任何东西。许多人说他们看见了一片树林或者一排栅栏。这个实验阐明了人们有多排斥无序，有多讨厌紊乱，并且因此而尝试着寻找一些有意义的图案，让人们可以识别出。

当一个视力正常的人发现他很难辨别自己感知到的事物或行为，他通常采取一些行为来缓解自己的疑惑和不确定。没有人喜欢这种容易造成焦虑和不安的状态。[4]

　　　　　　　　　　　　M·D·弗农（M. D. Vernon）

在室内，当人们不知道应该去哪时会有类似的焦虑感，或者对如何使用这些设施感到不确定，或者看到一些东西让他们感到困惑。有时候光线太差以至于人们无法阅读说明书或者看清其他的东西。有一些室内特意设计成低光度以营造一种亲密的氛围，比如俱乐部或酒吧。作为一个概念上的主要目的这是可以的，但还是要有少量明亮的光照，以确保一定程度上清晰的视野。这在一些场馆里也是同样的，场馆里的

（图中标注）
监控摄像机
阻挡视线的装置
杂乱的书籍展示
座椅空间太小
多余的促销展板更是增加了杂乱感，这可能并不被包括在设计师最初的概念里

音响声通常很大，以至于我们无法正常的交谈。或许应该规定在这样的室内空间里增加额外的空间隔断，好让"台下的"对话或者片刻的沉思来使大脑复活。

尽管懒惰的员工们在书店里设置了许多标识，许多书店依然是以杂乱而闻名。左边图 91 中的书店设计于 19 世纪 70 年代早期，这些年经历了许多次改造，但这些改造都不能与建筑本身进行有机的结合。

# 格式塔理论（Gestalt theory）

格式塔效应（一个有组织的完整的物体不仅仅是各个部分的简单组合），这个理论是由德国一所拥有许多心理学家的学校提出的，涉及了我们的感官形成形态的能力，特别是关于视觉识别的相关内容，人们的视觉习惯于把事物看成一个图形或是一个完整的形态，而不是看成单一直线或曲线的集合。这是关于从整体中看到部分的理论，并且解释了事物是如何被人感知的。这场理论运动的主要倡导人是马克思·韦特海默（Max Wertheimer）[5]、沃尔夫冈·苛勒（Wolfgang Köhler）、库尔特·考夫卡（Kurt Kafka），并由朱利安·霍赫贝格（Julian Hochberg）进一步发展（见 p.64）

格式塔理论的基础理论有如下几条：

- **整体性**——意识经验（conscious experience）同时考虑到了一个人生理和心理里的各个方面。
- **心物同型说**（Psychophysical isomorphism）——一种存在于意识经验和大脑活动之间的相互关系。
- **生物实验**——创立格式塔学说的学校创造了一种进行实际试验的需求，这种实验与传统意义上的实验室试验截然相反。

# 视觉错误（Visual illusions）

一些人认为缪勒 - 莱尔错觉图形（右上）的左

侧看起来是阴角，右侧看起来是阳角。这证明了人们习惯于通过增加一些信息把一些所谓不完整的东西补完整。在缪勒 - 莱尔错觉图形中两个图形的中央线是一样长的，但看上去是左侧图形的中央线更长。这是为什么？我通过下面的略图作了一些分析：

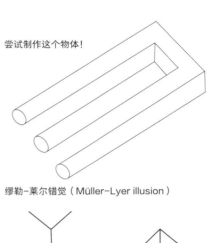

尝试制作这个物体！

缪勒-莱尔错觉（Müller-Lyer illusion）

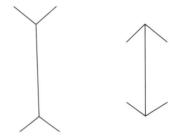

方向线

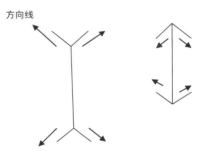

向外的延伸使它看上去更长　　　使它看着更短

旋转

但是，如果我们把垂直线切成两半我们就能不被误导

一分为二

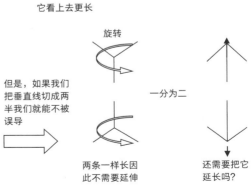

两条一样长因此不需要延伸　　　还需要把它延长吗？

### 一些视觉测试

这是一种测试你自己观察力的方式，试试下面的几个视觉感知测试，测试答案见后页。

### 测试 1

这里的任务是找出一个最快的方法来计算出未涂色区域的面积。这副图画由两端的两个半圆和中间半径相同的一个圆组成。

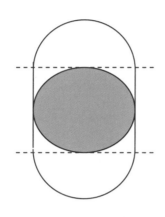

### 测试 2

这两幅图代表着一个三维的物体。没有第三个视图。这个测试是要想出个三维物体的样子。你所需要的信息都在这两幅图里，记住，虚线表示隐藏在后面的东西，这样的线不是必要的。

立面图1

平面图

### 测试 3

在四条直线之内连接所有的点，要一笔画出，中间不可以打断，并且同一条直线不可以重复两次。

o o o

o o o

o o o

### 测试 4

韦特海默（ Wertheimer ）的"经验要素（ experience factor ）"：这三个形状组成了……什么？

### 鲁宾的花瓶

鲁宾的花瓶（有时候被称作鲁宾的面孔或背景花瓶）是一套广为人知的错觉图形之一，由丹麦心理学家爱德加·鲁宾（Edgar Rubin）创造于1915年左右。观察者如何理解这幅图要看情况而定，如果主要看见白色的部分，那么看到的就是一个花瓶，如果主要看见的是黑色的部分，那么看到的就是两个头。最终，两种形状会轮流着被人们识别出。

## 好的曲线或好的图形的要素

来自斯文·海斯格林（Sven Hesselgren）（关于要素的内容见下一部分）

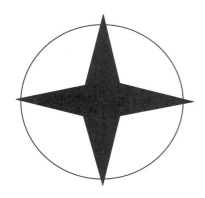

这个圆形不一定被视为一个圆，还可以被看作是一个完形，处于圆形内部并与圆周相交的星形将圆形分成了四段分开的弧线，看上去破坏了圆的完整。

# 斯文·海斯格林
# （Sven Hesselgren）

### 感知心理学

我们观察事物的过程可以按照下面的方式来描述：身体的一些能量聚集到了我们的某个感觉器官，例如眼睛或耳朵。从那里，一种电化学的脉冲（electro-chemical impulse）通过神经传送到大脑，这种脉冲导致了对事物的体验，这种体验被称作感觉或知觉。[6]

当我们观察一样事物，我们会得到一个视觉感知，当我们停止观察它，无论什么原因，最初的感知所带来的概念会一直持续下去。韦特海默（Wertheimer）对许多图案进行了分析，想要确定在什么样的条件下形状元素 能够相互结合形成完形。基于这些调查研究，海斯格林（Hesselgren）认为这些完形的构成要素如下所示：相近因素（the adjacency factor），方向因素（the directional factor），相似因素（the similarity factor），对称因素（the symmetry factor）和闭合因素（the closure factor）。

### 相近因素（图示 1&2）

相互邻近并且重复的图形成分被认为是相近。设计师必须要能够看见完整的形状，并且要能够通过视觉分析来打破它，具体如下：两个图形都是水平对称的并且都和相应的中心轴相垂直。图示 1 中可以看到 11 个图形单位，图示 2 中可以看到 20 个（每一条线都算作一个图形单位并且两条线之间的空当也算作一个单位）。

### 方向因素（图示 3&4）

通过对这些一行行点的分析，我们可以看出主轴线是水平的。在图示 3 中有两行，图示 4 中有三行，两张图示中点与点之间的水平距离都要大于垂直距离。在图示 3 和 4 中方向性是通过将末端的点向 右偏移突显出来。在图示 3 中有 45 个图形单位，

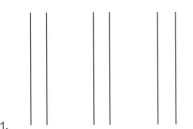

1.

3.

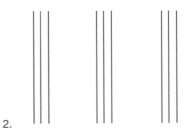

2.

4.

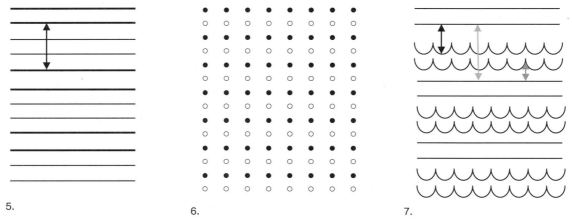

5.　　　　　　　　　　6.　　　　　　　　　　7.

分析：看上去相似的图形单元会聚合在一起

由 22 个点、2 条水平线、10 对垂直的点、2 个单独的点和 9 个矩形点阵组成。在图示 4 中有 67 个图形单位，由 36 个点、3 条水平线、10 条三个点的垂直线、9 个由 6 个点组成的垂直矩形点阵、两对垂直的点和两个单独的点组成。有趣的是在图示 3 中你首先看到的是由点组成的水平线，然而，在图示 4 中你首先看到的是由三个点组成的垂直线，因为垂直线之间的距离更近。

### 相似因素（图示 5、6&7）

在感知上，相似的图形单元会被看成一个整体。在图示 5 中只有一条垂直的对称轴。一共有 36 个图形单位，由 6 条粗线、6 条细线、两条线之间的 11 个间隔、3 个粗线组成的间隔、3 个细线组成的间隔、5 个粗线和细线组成的间隔以及两个标有箭头的间隔。

在图示 6 中有 77 个图形单位点组成的水平线比垂直线更容易让人注意到，因为水平方向上邻近的点是相似的，由 7 条黑点组成的水平线（比白色显眼）、7 条白点组成的水平线、8 条黑白交替的点组成的垂直线、6 条黑点间的水平间隔、7 条黑点间的垂直间隔、42 个 4 个黑点组成的矩形（只有纵轴）。

在图示 7 中，由 6 条水平线、6 条曲线、水平线组成的 3 个空间、曲线形成的 3 个空间、3 个黑色箭头空间、2 个棕色箭头空间和 2 个蓝箭头空间（仅纵向）形成的 25 个单位。

### 对称因素（图示 8）

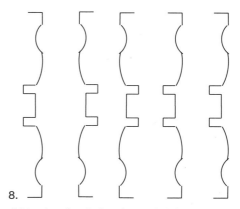

8.

分析：这里有两组由两个和三个相似图形组成的侧面图。有两条纵轴和一条横轴。

这个因素比相似因素更加重要。这里的对称定义为水平方向和垂直方向的轴对称。这里有两组由两个和三个相似图形组成的侧面图。有两条纵轴和一条横轴。这里一共有 10 个图形单位。

### 闭合因素（图示 9&10）

闭合因素完全盖过了相近因素。它有'围和'的功能。在图示 9 中有 18 个图形单位，由 8 条垂直线、六条短的水平线和三个闭合的矩形组成，整个图形由两端的线围和起来。在图示 10 中由 24 个图形单位，由 8 条垂直线、12 条 45° 倾斜的短线和 3 个围和的空间，如箭头所示，整个图形也有两端的线围和起来。

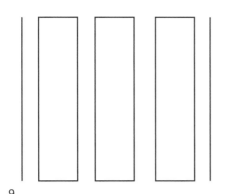

9.

分析：闭合因素完全盖过了相近因素。它有围和的功能。

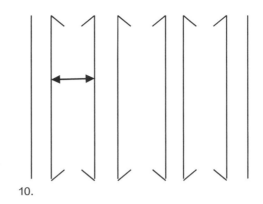

10.

## 概要

作为设计师，所有这些观察结果帮助我们理解这些形式和图案的视觉关系，当我们构想和规划室内空间时，分析建筑物和组成部分之间关系的能力会给我们带来帮助。

# 基思·奥尔本（Keith Albarn）

这些六边形组合（P100）来自基思·奥尔本（Keith Albarn）的书：《图示：思考的工具》，图 91a 最初是基于一系列平行与六边形的各边且距离相等的网格线。下一步是对这些网格线进行不同的诠释，使每个六边形看上去都像是立方体的不同表面，因为改变的区域正是立方体的不同面。这个变化是通过线的密度和虚线来实现的，并且 如果反过来，让线变得稀疏效果也是一样，在这些变化中网格线本身都没有发生变化。

在图 91b 中，最上面的六边形保持图 91a 中的网格线不变的同时，下面的两个六边形去掉了一些线，强调了三维图像的感觉。左边的图着重于一个 60° 的角，右边的图着重于垂直。

这些图示表现了一些相似的变化，可以用于室内设计的建筑网格上。在第 7 章中，我说明了网格线是如何按照有序的原则进行设计的，以及如何有机地设计布局的各种变化，尝试着将不同的布局进行比较等等。

**图 91a** 来自奥尔本的书籍《图示》，P54

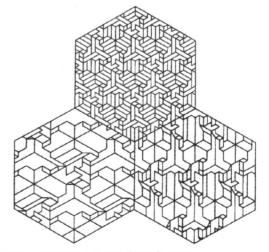

**图 91b** 来自奥尔本的书籍《图示》，P55

图 92　天然形状：树枝的形状可以为设计像图 93 那样的彩色玻璃窗提供灵感。图片来自作者

图 93　右侧，来自盖蒂图片社（Getty Images），1904 年，达尔文·马丁之家，弗兰克·劳埃德·赖特设计

图 94　行道树。在这幅图中，我们可以看到按节奏起伏的光影、透视、纵列、拱形。在这种情况下，这些行道树是人为种植的，从而将自然赋予我们的东西变得正式。图片来自作者

## 参考自然

### 我们看见什么？

　　仅仅通过对形状、颜色和肌理的仔细观察和分析，大自然为设计师带来了充足的灵感。弗兰克·劳埃德·赖特（Frank Lloyd Wright）的彩色玻璃窗就是将植物图形正规化使其成为抽象图形得到的结果。图 92 中的照片就是要展现与赖特设计之间的关系。

## 视觉分类

　　这些为谷歌设计的全新办公场所（见图 95），就是想要传达一种生动活泼的设计理念，以匹配这家媒体公司充满活力的特点。在透明的墙上面附上色彩亮丽的圆点，这些亮丽的颜色也被用在了扩大的公司标识上。它与儿童的世界有着有趣的联系，或许有助于减缓在这样一个高度集中、要求严格的工作环境里的紧张感。放大的字母故意与建筑的构造形成冲突，阻碍了观察者对这些图形的"阅读"，以及对设计者意图的理解。

图95　谷歌在伦敦的公司接待处，由斯科特·布朗里格（Scott Brownrigg）设计，2010 年

# 测试的结果

**测试 1**　在这幅画中你可以看到圆形受到了矩形外框的限定，因此得到的答案是：一块矩形的区域。

**测试 2**　人们普遍会从已知的方形信息中推测出答案是立方体。但这是错误的。这个测试证明了一些先入为主的观念会对我们的判断造成多大影响。设计师在训练自己的时候，应该避免这种影响。

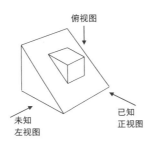

**测试 3**　在这个测试中通常会犯和测试 2 中一样的错误，矩形的形象会限制观察者的思维，会使他想要在矩形内部解决问题，然而解开问题的秘诀却是超越矩形外框来思考。

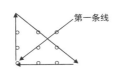

**测试 4**　这是一个方向问题，如果你试着将页面顺时针旋转 90°，就能很轻松地辨认出是大写字母"E"。

## 复习回顾

本章的重点是，视觉理解最重要的是设计者的基础能力。我们清楚地看见并分析事物的能力决定了我们设计能力。除了这个理论被提出以外，感情价值也十分重要。

设计者要从以下几点来进行视觉分析：

■　形状、颜色、线条和肌理的构成。
■　与人类使用有关的室内元素的规模和尺寸。
■　充足的活动空间。
■　材质和照明的影响。

这些技能与其他的许多技能休戚相关，都是室内设计所必需的。

# 第6章 表达和意义

## 关于本章

这章对极简主义运动为什么以及怎样去除从过去继承来的几乎所有装饰提出疑问。本章包含了对于历史上主要的设计运动简要概括，从表达中提取出本质的和有条理的内容，从而让我们对过去设计的状态有一个客观的理解。在这个调查的基础上，我分析了设计师在他们的作品中表达了什么，并且提出了主要的表达种类，包含所有建筑类型。最后，我调查了这样一些设计在我们的室内设计中扮演了怎样的角色，并且它们的定位和存在被怎样不幸地处理。

## 介绍

在我看来，如果我们想要实现伟大、和谐的艺术理想，这种艺术可能是代表了我们内心中最好的：如果我们想要再次创造出建筑界的里程碑，不管是宗教方面的\市政方面的或是纪念方面的，我们都必须通过与他人的同心协力，在团队中学习，在这样一个和谐的团体中，每个人各自工作都会融入它应有的地方，并且也不会缺乏个性和自由。让我们最大限度地培养我们的技能和增加我们的知识，并且也不能忽视想象力\审美观和同情心，否则我们将没有任何东西可以表达。

沃尔特·克兰（Walter Crane）[1]，设计基础

经过设计的视觉环境，是历史中某个特定时代的文化表达。因此这是对态度和想法的表达，是对当时心情和技术的反应。结果对人们造成的影响往往是情绪上的，并且不同种类的室内环境会给人们带来不同的情绪感受。

我想要概括自19世纪以来的设计运动的发展以了解我们当今究竟是处于什么样的状态，随后了解并进行有深度的讲解，不会对为社会带来巨大改变的工业、文化、政治运动进行详述，因为这些都超出了本书的范畴。然而，过去的那些设计运动遗留下的传统和顺序，需要被透彻的理解，这样我们才能有所进步，因为这些影响着我们对环境的设计。

## 19世纪

在1851年英国举办世博会[2]之后，欧洲一直在复制过去的风格（被称作复兴主义），例如哥特式风格和巴洛克风格，以及中世纪的浪漫主义，并且欧洲深受其害。机器化大生产也受到人们的追捧，不过仅仅是因为这可以降低成本、扩大生产规模，这意味着将会有更多的受众。消费者保护主义就这样诞生了。这引起了对过度装饰的普遍批判，认为那是"低级趣味"，并且认为室内设计中也充斥着手工制品和艺术品。

图96 一个典型的1900年维多利亚式的家庭室内风格。图片来自盖提

图97 蒙特卡洛（Monte Carlo）的马丽娜波拉（Marina Bolla）阁楼，克劳迪欧·席维斯金（Claudio Silvestrin）设计事务所，2006年

## 由此……到此：发生了什么？

通过经济的必须性和利益导向的市场，再加上科技的进步和对效率的追求，尽管当时消费者保护主义把当时的社会环境剥了层皮，一种简化的制作和设计的方法还是在狭隘的环境中发展到了顶峰。我们现在需要为我们的灵魂补充一种方式来为我们的文化带来福祉。

## 工艺美术运动[3]

这场运动通过一些人，例如作家约翰·拉斯金（John Ruskin）和设计师威廉·莫里斯（William Morris）[4]发展起来，直到19世纪结束之际。他们发起了一场反抗"机器美学"和工业化的运动，并且呼吁复兴基于艺术的作品、通过天然材料来表达并且重视地方化。C·R·阿什比（C. R. Ashbee）和欧内斯特·吉姆森（Ernest Gimson）也是英国这场运动中的一部分。美国人亨利·H·理查森（Henry H. Richardson）（1838—1886年）、查尔斯·桑诺（Charles Sumner）（1868—1954年）和亨利·马瑟（Henry Mather）（1870—1957年）也参加了这场运动。他们想要重新恢复制造艺术和工人简单联系，在这个年代装饰性的产品依然在制造，但相比以前的复兴运动，此时的更加具有独创性和手工艺。

英国建筑师C·F·A·沃伊其（C.F.A. Voysey）[5]和埃德温·鲁琴斯爵士（Sir Edwin Lutyens）是这个时代的代表。

图98 卷心菜和葡萄树挂毯。威廉·莫里斯（William Morris）的第一个地毯，编织于他的家姆斯科特庄园（Kelmscott Manor），1897年的夏天。图片来自维基共享资源

图99 左边。莫里斯房间，位于 V&A 博物馆，伦敦，1866—1868 年，由 V&A，伦敦提供

图100 右边。沃伊齐为他的房子设计的时钟，由克里斯托弗·维克斯（Christopher Vickers）复制（www.artsandcraftsdesign.com）

图101 沃伊齐私宅，位于英国伍德的"果园"，经由三条河博物馆提供

## 新艺术

新艺术运动因它在室内设计中对流线和曲线的运用以及家具的设计而闻名，从 19 世纪 80 年代的工艺美术运动中诞生。比利时的设计师维克多·奥塔（Victor Horta）[6] 和捷克的画家阿方斯·穆哈（Alphonse Mucha）[7] 是这场运动的倡导者。形式的灵感也来自一些有机的和自然的形状。当代氧化铁制造业有很大的发展，例如已经有能力铸造出弯曲的形状，已经可以让像奥塔那样的设计师的作品可以被建造出来。

麦金托什（Charles Rennie Mackintosh）[8] 也是新艺术派一位典型的代表人物。他设计了格拉斯哥艺术学院，这是新艺术派在世界上最重要也是最有影响力的建筑之一。有机的窗体装饰了这幢美丽而又不同寻常的建筑。它有自己的档案部门，并且还作为一个艺术学院繁荣发展。他也会创作一些非常出色的图纸，不仅仅是关于他设计的作品，还有一些合适的艺术作品。他的作品 La Rue du Soleil 展现出他创作和组织的能力，还有对景色富有想象力的理解。正如在第 1 章中讨论的那样，一个设计师富有艺术性的表现环境的方法会在他的三维设计作品中明显地体现出来。对二维中线条、形状、颜色和质地的感受，不可避免地会被三维视觉联系起来。

图102 塔赛勒饭店（Tassel House），位于布鲁塞尔，由维克多·霍塔（Victor Horta）设计于 1893 年。盖蒂图片社

图 103　由阿尔方斯·穆哈（Alphonse Maria Mucha）为 F. Champenois Lithograph 设计的广告，维基共享资源（Wikimedia Commons）：艺术复兴中心博物馆

图 104（右）　C·R·麦金托什，La Rue du Soleil，1926 年，水彩画，经由格拉斯哥的亨特博物馆提供

图 105　现在依然可以看到格拉斯哥的柳茶馆由 C·R·麦金托什设计于 1904 年。维基共享资源（Wikimedia Commons）。作者：戴夫·苏扎（Dave Souza）

## 装饰艺术

从 1900 年一直到 20 世纪 30 年代，它达到了流行的顶峰，这种风格基于传统的灵感、华丽的材料以及源于立体主义的几何图形重复。有趣的是，装饰艺术（见下图）由法国设计师如鲁尔曼（Ruhlman），克鲁尔（Groult），勒格兰（Legrain），莱丽卡（Lalique）和加勒[9]以及美国人拉尔夫·沃克（Ralph Walker）还有英国人奥利弗·希尔（Oliver Hill）和罗伯特·阿特金森（Robert Atkinson）领导，跟内容匮乏的现代艺术运动背道而驰。

不管这些美丽的装饰性风格、冲击力以及对现代主义的质疑的普及，那些既保留纯粹理论想法又推动大生产技术的势力不断壮大。连同科技的进步，和对材料、服务和施工的重视，玻璃比以往任何时候更多地用在了建筑上，建筑物也变得更加宽敞，人们对一个更为健康的居住环境的需求也得到了肯定。

图 106 每日快报办公楼，伦敦，1930—1932 年。建筑师：埃利斯和克拉克以及欧文·威廉斯爵士（Sir Owen Williams），并由罗伯特·阿特金森（Robert Atkinson）负责室内设计。维基共享资源。作者：Rictor Norton 和 David Allen

## 现代主义运动

现代主义运动在由包豪斯设计学院[10]、荷兰风格派运动（De Stijl）[11]和阿道夫·路斯（Adolf Loos）[12]的作品的建立和影响下形成，去除了维多利亚风格和维也纳分离派风格中的过分装饰，达到了一种更为纯粹和真实的表达方式，正如一句格言总结的那样：形式服从于功能[13]。一个关键的组织为这场运动带来了很大贡献，那就是德意志制造联盟（Deutscher Werkbund）（德国工业联盟），这是一个德国的建筑师协会，由赫尔曼·穆特修斯的煽动下，一群设计师和实业家于 1970 年在慕尼黑创建了这个协会，它既包含了供应美术运动的想法也包含了发展于 19 世纪 20 年代的现代主义风格。

图 107 由艾米里·加勒（Emile Gallé）设计的玻璃花瓶，1900 年。维基共享资源。作者：Goldi64

在吉莉安·奈勒（Gillian Naylor）的书籍《包豪斯》（The Bauhaus）[14]中提到："从这个学校开始，乐观主义和唯心主义在一战后的复兴潮流中，来培养一代建筑师和设计师来接受和预见 20 世纪的需求。"现在对生活有了新的看法——更加健康并且

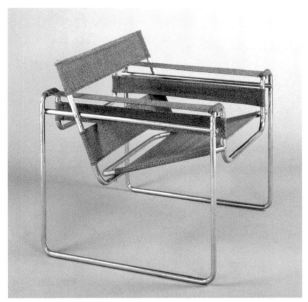

图 108 由马歇·布劳耶（Marcel Breuer）设计的瓦西里椅子
（Wassily Chair），1925 年。它有着浮动和轻盈的特点，并且最
小限度地使用了材料。它没有"腿"只有两根水平横管，经由柏
林包豪斯档案馆提供

图 109 皮特·蒙德里安（Piet Mondrian），Tableau I，1921，
复制品，生产于包豪斯魏玛的图形打印店，彩色平版印刷。一
幅典型的蒙德里安式网格绘画。经由柏林包豪斯档案馆提供

反映人类行为的新形式。

皮特·蒙德里安（Piet Mondrian）[15] 和特奥
（Theo van Doesburg）[16] 是荷兰风格派运动的两大
巨头，他们把抽象艺术减少到最小程度的几何构
成，蒙德里安将绘画风格改变成水平和垂直的图形
表达，范·杜斯堡改变成对角型的图形表达。

一个冷静的、最简洁的、有约束的风格诞生
了，在这种风格中所有过分的装饰都被去除了。从
1900 年开始，发生了两次世界大战，还有 20 世纪
30 年代的经济萧条，通信技术也在飞速发展。大
量生产现在作为一种为大众市场生产产品的方式而
存在。对工业化的需求导致了标准化和合理的形式。
对这种工业化提纯的追求一直持续到第二次世界大
战[17] 后，并且通过实用设计方案，给战争中遭受苦
难的人们提供充足的物资，提供了很大的帮助。

英国设计委员会（The Design Council）[18] 建
立于 1944 年，并且与建立于 1951 年的英国节
（Festival of Britain）一起，联合建筑和设计界的
精英人才，致力于将人们从战后的痛苦中解放出
来。他们促进了声望的树立，并且让大量的重建

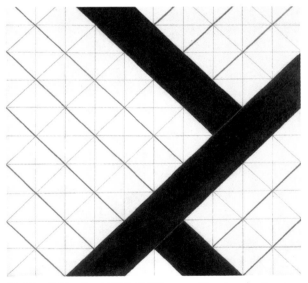

图 110 特奥·凡·杜斯伯格（Theo van Doesburg），Counter-
Composition VI，1925 年。维基共享资源，源地址：www.maeda.it

行动席卷了整个欧洲。诸如尼古拉斯·佩夫斯纳
（Nikolaus Pevsner）[19]、希格弗莱德·吉迪恩（Sigfried
Giedion）以及彼特·班纳姆（Peter ReynerBanham）[20]
等观察者（见 P26，第 1 章分类），对发展中的社

会是多么欢迎这种创造进行了有深度的分析描述，把此当成建筑师们的炫耀，例如弗兰克·劳埃德·赖特[21]、密斯·凡·德·罗（Mies van der Rohe）[22]、勒·柯布西耶[23]以及瓦尔特·格罗皮乌斯（Walter Gropius，包豪斯创始人[24]）。

在图111中，从弗兰克·劳埃德·赖特的罗宾别墅中，我们可以领会到水平线是如何有力地通过建筑长度和高度之间比例的不同来控制垂直线的。赖特住宅通过它有机的特质与背景融为一体，例如对砖块的使用以及中间层对不同空间和形状的网格状划分。另

一方面，密斯·凡·德·罗之家（图112）通过朴实严峻的格调与周围环境形成了强烈对比，看上去它几乎是属于别的地方的。密斯·凡·德·罗绝妙的巴塞罗那椅的复制品现在仍然在生产（图113），对于它获得巨大成就的分析如下。

巴塞罗那椅中包含了绝妙而又简单的二元性，皮革与钢铁的结合，它们的联合使物体看上去更具优雅。它别具魅力的流线型结构也大受人们的欢迎。给人们带来了一种愉悦的审美感受。因为这些特质，它不仅大受公司接待室的欢迎，在家用市场也很有人气。

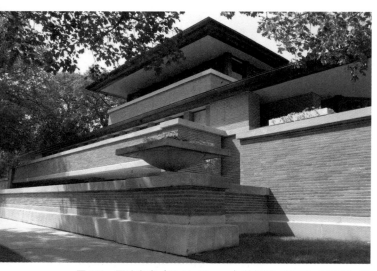

图111 罗比之家（Robie House），芝加哥，弗兰克·劳埃德·赖特，1909年。维基共享资源，作者：David Arpi

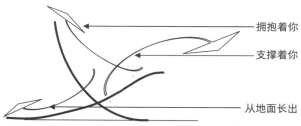

拥抱着你

支撑着你

从地面长出

图113 "巴塞罗那椅"（Barcelona Chair），密斯·凡·德·罗。由诺尔国际（Knoll International）提供图片

埃里克·门德尔松（Erich Mendelsohn）[25]于1921年德国波茨坦建造的爱因斯坦塔凭借它柔美的曲线特征远远超越了它所在的时代，被看作是表现主义的纪念碑，而且这种风格的建筑似乎再也不会有了。门德尔松于1933年离开了德国前往英国，这一年阿道夫·希特勒当上了总理，韦尔

图112 范思沃斯住宅（Farnsworth House），普莱诺，伊利诺伊州，1951年。维基共享资源，作者：Tinyfroglet

图114（右） 爱因斯坦塔（Einstein Tower），天文物理观测台（Astrophysical Observatory），波兹坦（Potsdam），德国，埃里希·门德尔松（Erich Mendelsohn），1921年。这也许是20世纪最原始的建筑。维基共享资源，天体物理所（Astrophysikalisches Institut），波兹坦（Potsdam）

图115（下） 爱因斯坦塔的平面简图，由作者绘制

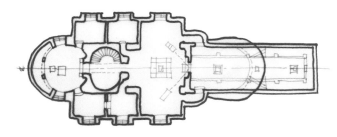

图116（左）和图117（右） 德拉沃尔馆（De La Warr Pavilion），贝克斯希尔（Bexhill）。埃里希·门德尔松（Erich Mendelsohn），1935年。塞吉·希玛耶夫（Serge Chermayeff）主要负责室内设计。图116：照片：布莱恩·赫申（Brian Hession）。图117 矢量图，照片：理查德·多诺万（Richard Donovan）

斯·科特斯（Wells Coates）[26]与其他人成立了玛氏集团（Mars Group）。[27]在三个月之内，通过De La Warr Pavilion的设计他赢得了英国首届明确的现代主义建筑竞赛，这个比赛由激进的沃尔伯爵九世（ninth EarlDe La Warr），他是东萨西克斯的贝克希尔南部海岸一个小型度假胜地的市长。门德尔松这个项目的合作伙伴是一个俄国的建筑师、室内设计师，以前还是舞厅的舞者的塞吉·希玛耶夫（Serge Chermayeff）。1935年开放后，展示馆的酒吧、餐馆、露台、屋顶等娱乐区域立刻受到了贝克斯希尔大部分居民的欢迎。同时沿行了早起现代主义的传统，引进了奶油色的外墙，并用玻璃和钢铁提亮了曲边元，与海边度假地的轻盈欢快十分相配。在展示馆这个建筑中，有一个很大的创新：英国首次在工程设计上用焊接的钢铁取代了钢筋混凝土。

爱因斯坦塔的平面图十分美丽，是直线与曲线的完美结合。半圆逐渐地变尖，楼梯与螺旋向上的圆融为一体。牢固的对称性加上中心轴，支撑着圆的中心与半径，形成了窗。同时体现了机械和有机两种特质。

图 118 和图 119　由一个维多利亚风格的室内设计的转换，肯辛顿宫花园（Kensington Palace Gardens），伦敦，韦尔斯·科特斯（Wells Coates），1931 年，哪一个室内设计更加有趣？

另外一位将曲线引入建筑构造的建筑师是阿尔瓦·阿尔托。[28] 以前，我们可以看到对于形式和材料的过度装饰的反对减少到了最简单的状态。阿尔托沿袭了有机的路线，巧妙地结合了直线的几何机构和曲线的形状。他是国际现代建筑协会（CIAM）的成员之一，参加了 1929 年法兰克福市的第二届以及 1933 年雅典的第四届代表大会，在那里他与拉士罗·摩荷里·那基（László Moholy-Nagy）和西格弗里德·吉迪恩（Sigfried Giedion）建立了深厚的友谊，就是在这段时间里他紧密追随着新现代主义的主要推动力量——勒·柯布西耶。

阿尔托这样描述关于他芬兰馆（Finnish Pavilion）的设计说明：

因此在这个芬兰馆中，我尝试最大限度地提高展示密度，一个挨着一个，使它成为一个充满货物的空间，农业和工业的产品往往只相隔几英寸。这不是项轻松的工作——把单个的元素组成一个整体。

现在让我们回到弗兰克·劳埃德·赖特，他设计的位于纽约的古根海姆博物馆于 1959 年开放。包含了一个螺旋形的坡道作为欣赏艺术品的主要平台。这是一个巨大的创造性行为，不仅仅是在展示方面，也是在建筑形态的功能表达上。

图 120（上）　芬兰馆，纽约世博会，1939 年，阿尔瓦·阿尔托（Alvar Aalto）。经由埃斯托提供

图 121　学生宿舍（Baker House），麻省理工学院，波士顿，马萨诸塞州，阿尔瓦·阿尔托（Alvar Aalto），1947—1948 年，图片经由飞利浦·格林斯潘提供

图122（左）所罗门·R·古根海姆博物馆（the Solomon R. Guggenheim Museum），纽约，弗兰克·劳埃德·赖特，1959。室内。图片由作者提供

图123（右）所罗门·R·古根海姆博物馆（the Solomon R. Guggenheim Museum），纽约，外观。盖蒂图片社（Getty Images）

现在我们要看的可能是现代主义人物，或者被称作是国际风格（International Style）——勒·柯布西耶，他充满创意的著作《走向新建筑》[29]出版于 20 世纪，是建筑理论界最有影响的书籍之一。下面两幅插图是他建造于 1955 年，位于法国朗香的两座教堂。他说过：

墙上的贝壳看上去很荒谬但实际上十分厚实。然而在这里面是钢筋混凝土柱。贝壳将会依附在这些柱子上却不会接触到墙面。10cm 宽的透光缝隙更会产生惊人的效果。

这个建筑成为一个雕塑杰作，并且，就是从此开始建筑可以摆脱过去的直线约束。这个建筑让人们联想到很多东西，在一个新的建筑形式中达到了顶峰。屋顶看上去很像是船体的底面。有着槽窗的倾斜墙面使我们想到了古埃及的建筑，例如菲莱神殿（Philae of Temple）。石塔使人联想到原始的黏土铸造。

在下面的引文，萨林加罗斯介绍了现代主义之前，建筑是如何使用各种规格的分形，这是约束相互关系的设置。现代主义打破了这个规则。

图124和125 朗香教堂（Chapel of Nôtre Dame du Haut），朗香（Ronchamp），法国。勒·柯布西耶（Le Corbusier），1955。内部和外部，图片：西蒙·格林

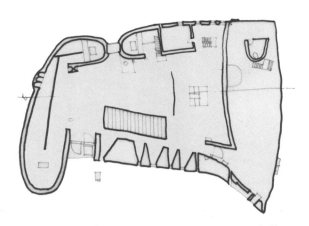

图 126 朗香教堂（Chapel of Nôtre Dame du Haut）的平面简图，朗香（Ronchamp），法国。与门德尔松的爱因斯坦塔相比，这栋建筑是完全不对称的——几乎是一种幽默的涂鸦形式。图片由作者提供

图 127 Willis Faber Dumas 总部大厦，伊普斯威奇，萨福克郡，福斯特建筑事务所（Foster + Partners），1975 年。夜景。图片：Nigel Young

过去世界上一些伟大建筑以及一些地方的（民间的）建筑在数学方面的本质上都有一些相似之处，在这之中有一个分形结构：在每一个级别的放大复制品中都能看到一些显著的结构，并且不同的规模都通过设计紧紧地联系在一起。对比看来，现代主义建筑没有分形的特质；这就是说，不仅仅只有很少的规模，而且不同规模之间没有任何联系。事实上，我们可以从对分形规模的回避看到一个不成文的设计规定。

尼科斯·A·萨林加罗斯（Nikos A. Salingaros），《新建筑中的分形学》（Fractals in the New Architecture），2001 年，（另见第 7 章）

## 20 世纪后期

在此期间，由于工程学和材料上的技术发展，建筑上有了重大的创新。这和一种全新的、透明的、可反光的建筑相匹配。诺曼·福斯特（Norman Foster）[30] 位于伊普斯维奇的 Willis Faber Dumas 办公大楼，证明了这种全新的才能。在审查各种概念后，通过位置的约束从摩天大楼变为低矮的长方体，福斯特决定，要通过设计一个曲面外表，来把区域扩大到最大限度。这降低了建筑的高度，如果

图 128 Willis Faber Dumas 总部大厦，白天。图片：Ken Kirkwood

设计在一个更加传统的大块塔上。这个表面是反光玻璃，与地面的人行道相接，中间没有任何中介底座（图 128）。因此通过反光，在白天，它保证了室内工作人员的隐私，并且在晚上，照明使室内被看得清清楚楚（图 127）。外表由于玻璃幕墙被覆盖在黑色之中。中央电梯通往顶部被屋顶花园包围的员工餐厅。这种建筑被称作高科技派。另外两个建筑师理查德·罗杰斯（Richard Rogers）和尼克·格里姆肖（Nick Grimshaw）的工程解决方法也适合

这个标签。

赫曼·赫茨伯格（Herman Hertzberger）[31] 的中央管理计划是在创造室内空间上的革新，这种方式没有对分区的划分，而是有很多开放的相互重叠的行走的区域，允许了一些更大的、意想不到的社会活动。最近的许多建筑都在探索这种动态的交互式概念。理查德·罗杰斯[32] 对高科技时代最显著的贡献就是位于伦敦金融城的伦敦劳合社承包人办公大楼。

罗杰斯这个外表看上去像机器的日本代谢主义（Japanese Metabolist）[33] 的建筑。暴露在外的服务范围、电梯和螺旋逃生楼梯以圆滑的不锈钢结尾，给建筑的外表一种优美的感觉。这种将服务区域放置于工作层外界的方式是由美国建筑师路易·康（Louis Kahn）[34] 首次提出。这准备了一个清晰的、开放的层面，使办公室的设施能够被有计划地安排。

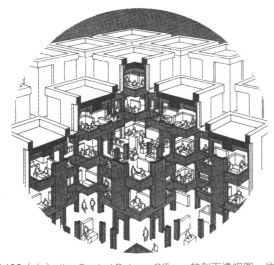

图 129（上）the Central Beheer Offices 的剖面透视图，位于阿佩尔多恩，荷兰。赫曼·赫茨伯格（Herman Hertzberger），赫曼·赫茨伯格建筑工作室（Architectuurstudio HH），1972

图 130（右上）伦敦办公大楼的莱斯银行（Lloyds），理查德·罗杰斯（Richard Rogers），维基共享资源，图片：Andrew Dunn

图 131（右）伦敦办公大楼莱斯银行剖面图，经由 Rogers Stirk Harbour + Partners 提供

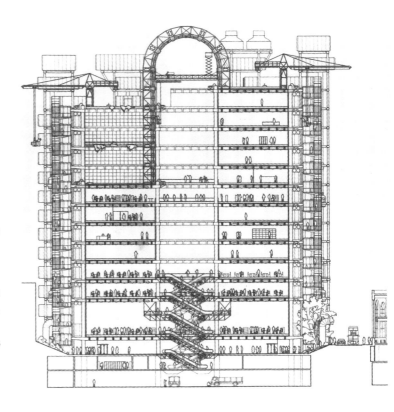

来看一看 20 世纪 50 年代的办公室分区和开放式的现代办公室大楼之间的区别。

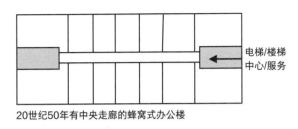

20世纪50年有中央走廊的蜂窝式办公楼

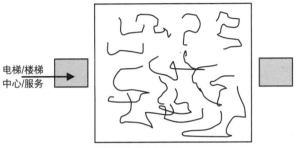

纵深开放式办公空间

## 办公室室内空间

开放式办公空间由"Quickborne"设计团队发展于 20 世纪 50 年代,他们领导了办公室环境运动,或者叫作办公风景(Bürolandschaft)。[35] 这与只有少量柱子(如果有的话)的大跨度的建筑相符合。因此释放了一个自由开放的空间,可以用作办公室空间来安排。这允许了公司对空间的灵活运用,并且能够更加动态的回应变化的需求。

最初,这种办公室里只是充满了一些他们一直有的同样的旧家具,并且这开放的视野中也是一片混乱。直到赫尔曼·米勒(Herman Miller)[36] 的家具现世,一个安排恰当,外观和谐的办公空间才开始形成。这家公司通过对设计师服务的运用,例如乔治·尼尔森(George Nelson)和查尔斯·埃姆斯(Charles Eames),形成了一种设计的血统。赫尔曼·米勒的行动办公室家具系统,发表于 1964 年,由罗伯特·普洛斯特(Robert Propst)设计,是首个成功的协作系统,将办公桌、架子、储藏和幕墙协调在一起。

正如从 20 世纪 40 年代办公司室内空间中可以

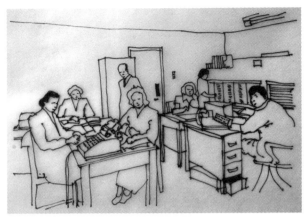

图 132　典型的办公室设计,1943 年,由作者绘制

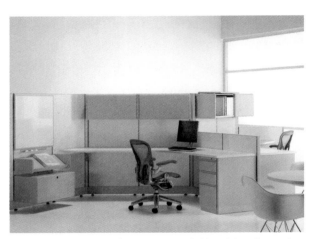

图 133　赫尔曼·米勒(Herman Miller)的行动办公室,系列 2,现在正在向市场推广,图片由赫尔曼·米勒公司提供

看到的那样,赤裸的墙面,地面的荧光灯,没有太多的空间可供移动,是一个毫无生机的环境。赫尔曼·米勒最新提供的东西传达了一种高效、灵活和舒适的情绪。米勒的"行动办公室"最初设计于 1964 年的一个数模上,可调节的系统,包含了电力路线和必需的光线供给。这个系统提供的基础原则是工作台、架子和储存单元悬挂在可调节高度的支柱上,在独立的外幕墙,由机动性的基座和椅子提供支撑。

全球的商业企业扩张与制造业的输出相一致,因此有很大的需求来建造管理中心支持这个并且处理更加复杂的通信技术,多年以来,"行动办公室"与变化的外表相结合,从一个传统的分格式办公室转变为屏幕和储存系统(screens and storage systems）。天花板上的主要空间用于安置一些服务设施的供给，例如空调和全面照明。环境的地面、幕墙和天花板采用了吸收声音的材料。全部高度的划分也是完全可移动的，也是可以供应的，能够被更加灵活地使用。

但这对于环境的进步来说却是一个退步：许多办公室职员声称他们感到很不舒服，深受一种病的折磨，这种病日后被称作"病态建筑综合征"。这是在一个缺乏空气的不健康环境下工作的直接后果，同时这也是一个心理上让人觉得压抑的空间，因为这个环境太安静了，人们甚至不敢大声说话。为了消除这些不良影响，"白噪声"被引进，安置在天花板的稳压层来提供人造的背景噪声，作为一个使员工感到舒适的表示。

图 134　古根海姆美术馆（Guggenheim Museum）。弗兰克·盖里（Frank Gehry），1997 年，维基共享资源，来源：Ardfern

## 当下的概念

直到 20 世纪，伯纳德·屈米（Bernard Tschumi）[37] 撰写了有关建筑是怎样基于熟悉的概念的书籍。他在他的书建筑和分离中说道：

如果普遍的意识形态是一个人所熟悉的——熟悉的已知图像，来源于 20 世纪 20 年代或者 18 世纪古典主义——也许是某个角色所熟悉的。如果全新的、中介世界重复并且加强对现实的分解，也许，只是也许，我们可以利用这种分解，通过促进和加剧这种必然的、中央和历史的遗失来庆祝文化的差异，庆祝分裂。

屈米与解构主义运动（Deconstructionism Movement）相关，解构主义是现代主义的发展，起始于 20 世纪 80 年代的后期，并且通过了一些建筑师，例如丹尼尔·里伯斯金（Daniel Libeskind）[38]、彼得·艾森曼（Peter Eisenman）[39] 和雷姆·库哈斯（Rem Koolhaas）[40] 的作品挑战了过去的结构标准，图 134 中的作品就是这场运动的一部分。解构主义在精神上是无政府的并且影响也不稳定。它设

图 135　21 世纪艺术国立博物馆（National Museum of 21st-Century Arts），罗马，意大利。扎哈·哈迪德（Zaha Hadid）和帕特里克·舒马赫（Patrik Schumacher），2010 年。经由扎哈·哈迪德建筑师提供，图片：伊万巴安（Iwan Baan）

计的目的是制造震惊和惊奇感，这就是朋克运动在20世纪70年代打算在设计和音乐上取得的。同时我想对这个作品所蕴含的创造性能量表示赞美，我认为它能够在生活最糟糕的情况下给人们带来鼓舞（见第8章）。

下面是一段从扎哈·哈迪德位于罗马的21世纪艺术国家博物馆的设计理念中摘取的一段精华文字（有机而不是解构）。对设计来说语言是一种重要并且必需的伴随物，特殊的描述性术语的含义在下文中有解释。

空间 vs. 物体

我们的提议提供了一个准城市的区域，一个可以随意进入的区域而不是像被署名物体一样。基于定向推移和密度的分布规律而不是关键点来对这个区域进行组织和操纵。总体来说这是中心的特征的象征：可以渗透沉浸的一片空间。一种推论的混乱被流通的推进所颠覆。外部的循环和内部的一样都是跟随着几何学的整体趋势。垂直和倾斜的流通的要素位于汇合、冲突和动荡的区域。从物体到区域的改变是我们对建筑的理解的关键，使我们从它们所有的关系看到它们所蕴含的艺术。同时，下面画廊和展览专家对此有更深层次的解释。其间十分重要的是陈述建筑设计的前提促进了对画廊空间"物体性"的剥夺。反而，一种"偏移"的概念，呈现出一种体现形式。因此，通过博物馆偏移出现了，不仅是建筑的主题，也是一种导航的显现方式。大家一直争论的是，对于艺术实践来说很好理解，但对于建筑学的领主地位，一直没有确定。我们借此机会，在这个有前瞻性的机构的设计冒险中，来面对这种20世纪60年代艺术实践诱发的材料和概念上的不协调。这种方式把"物体"以及和它相关的神圣化转化为预期中必须要改变的多元联系的领域，是对必要改变。

## 上面用到的术语

**署名物体：**一种认同设计师的个人的方式。

**定向推移：**强调流动的连接而不是单独实体。

**渗透沉浸的一片空间：**再一次解释了一种交互的特性而不是单独分开。

**推论的混乱：**对建筑形式的轻松感知。

**流通的推进：**人们通过空间被有机的引导。

**汇合、冲突和动荡的区域：**描述了流通的经历是可变的，依赖于特定区域的功能。

**画廊空间"物体性"的剥夺**——面向画廊空间：体现形式：不反对突显，而是目击一种综合的空间解决方式。

**体现形式：**强调设计的"完整"。

**导航的显现：**没有困惑或迷失，使访问者感到舒适。

**建筑学的领主地位：**对"建筑应该是什么样"表示谴责。

**设计的冒险：**这就是什么样的设计应该普及起来——这能被写出来是十分精彩的。

**概念上的不协调：**多种思想运动与意识形态在艺术上的表达。

**预期中必须要改变的多元联系的领域：**将最终设计总结为各种互相联系的实体的构成，能够适应，并且灵活地应对各种变化而不会破坏原始的和谐概念。

## 软件的进步

计算机软件程序有了很大的发展，例如Autocad和Revit可以让设计师和建筑师进行3D图形操作，以一种以前根本难以想象的方式实现了他们的梦想。弗兰克·盖里[41]和扎哈·哈迪德[42]是这个领域的两个领袖人物。有了这些尖端的工具，设计师们可以用3D动画来展示自己的设计，几乎可以媲美项目完成以后的真实效果。因此我们有了可以准确快速表达我们想法的电脑系统，并且以一种高效的、清楚完整的方式来组织信息创造出图纸及技术规格书。

对外表面或是建筑围墙设计的三个阶段，从一个立方体到一个透明的状态。

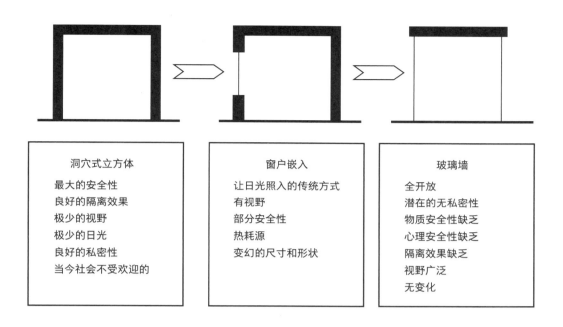

| 洞穴式立方体 | 窗户嵌入 | 玻璃墙 |
|---|---|---|
| 最大的安全性 | 让日光照入的传统方式 | 全开放 |
| 良好的隔离效果 | 有视野 | 潜在的无私密性 |
| 极少的视野 | 部分安全性 | 物质安全性缺乏 |
| 极少的日光 | 热耗源 | 心理安全性缺乏 |
| 良好的私密性 | 变幻的尺寸和形状 | 隔离效果缺乏 |
| 当今社会不受欢迎的 | | 视野广泛 |
| | | 无变化 |

## 玻璃：一个预兆

尤哈尼·帕拉斯玛（Juhani Pallasmaa）在他的书《肌肤之眼》（The Eyes of the Skin）[43] 中，对高科技玻璃建筑作出了预兆：

通过主体的语言和智慧，建筑失去了可塑性和它们之间的联系，在视觉领域上变得独立。通过触感的丧失，为人类的身体精心安排措施和细节——特别是为手——总体结构变得干脆、锋利、虚幻无形，令人厌恶。对建筑的分析从现实的情况以及工艺如何更深层次地将建筑变成一种视觉场景到一种缺乏真实性的透视图……建筑上对反射玻璃使用增加了一种不真实的朦胧感。

让我们检查一下对外表面或是建筑围墙设计的三个阶段，从一个立方体到一个透明的状态（见上方简图）。

建造一个玻璃盒子的动机和理由是什么呢？一旦技术允许并且在经济上与传统建筑的表面相比更有吸引力，世界上将充满镶有宝石的玻璃。考虑到人类渴望保护的天性，安全和隐私完全消失了。这只是个一语双关的借口！我确实承认反光玻璃在一定程度上有助于隐私的保护，但帕拉斯玛（Pallasmaa）的评论依然是有价值的。

看看纽约双子塔在恐怖袭击中暴露出的弱点，以及其他市中心的爆炸事件。在日本，设计出来的建筑必须要能抵挡地震的威胁，因此他们不会完全使用玻璃作表面，而是采用了一定面积的实体框架。

其他一些评论，来自约翰·乌特勒姆（John Outram）的网站（www.johnoutram.com）：

年轻的建筑师不断巧妙地处理"表面"这一概念，通过实际不存在的数字化双手，他们不再为失去双手或者他们曾经拥有的笔（不久之前）而痛苦。磷光表面来来回回地滑动、卷曲、翻腾、切片1网状和旋转、翻转和穿透转换，直到任何人都看不出这是什么表面，它被什么所覆盖，看不出它的过去、现在和将来。毫无目的的计算机突破伴随着一种绝望、死气沉沉、不刻意，像一个巨大的海绵没有一丝的希望或者野心，转变为脊椎动物的大脑皮层。

## 推动设计

下面的五个连续的步骤表达了历史上制作和建造的过程：

1. 通过能力和长处以及对材料的处理来设计，例如石材、木材、黏土和混凝土（不做结构材料）。（从原始人开始。）

2. 通过手头上的技能来设计，使用石材、木材、黏土和混凝土（不做结构材料）。（直到18世纪后期。）

3. 通过工厂加工模式的发明来设计——铁、钢、钢筋混凝土。（从18世纪后期开始。）

4. 通过结构工程技术的提高来设计——石材、木材、黏土、混凝土、玻璃、缆绳和薄膜（拉膜结构）。（从19世纪开始。）

5. 通过计算机辅助设计的发明来设计——石材、木材、黏土、混凝土、玻璃、缆绳和薄膜，加上超轻覆层材料的发明。（在业界研制与20世纪60年代，但直到20世纪70年代后期才在建筑上普及起来。）

当我们仔细检查技术的发展，我们可以发现最初的和原始的偏移成为模具和工艺品受到的不仅仅是来自生产资料的威胁，还有成本。不幸的是，大量生产的商品更加便宜地制造和销售。我想要问的是老的工艺技能是不是还能够对设计的进步作出贡献，他们是否还有属于他们的时代，他们是否委托了博物馆或者仅仅是旅游景点？

## 什么是设计表达

这一章节涉及的是表达和意义的内容，通过给出对过去的风格，同时检查材料是如何被使用在制作和建筑上，成为表达元素，除此之外，下面是一个设计师从他作品的表达中提炼的五种重要分类：

■ **客户的需求和活动**——身份、形象、空间需求、设施、人员配置和使用者。了解你的用户是非常重要的。

■ **设计师的意图**——哲学和意识形态，一种说法的形成。

■ **对场所和位置的认识**——建筑的品质、历史和情况，以及定位、结构、朝向和气候的施加的限制。

■ **文化影响**——社会经济因素、艺术、政治、动态和市场力量。

■ **技术**——面对"环抱问题"时的材料、结构、服务问题。大量生产商品/工艺品，预制/原位。

为上面列表中的一项建立了一个完整的描述内容和目标。设计师将会意识到更加认识到情感上的以及表达的特色，通过了历史的洗涤并且成为对文化以及社会需求的反应。

尽管一个委托建筑将会成为类别列表中的一种，在"室内设计包含了哪些类别？"的疑问下。在第一章中，就设计师而言，不应该有任何提前存在的公式，规定建筑采用什么样的形式或者特征。《公制手册》（The Metric Handbook）在指定建筑形式的情况下提供了实用的设计资料，但那些数据决不能决定一个建筑的形成方式。历史上有很多外表上可识别的建筑（图136），显示了它们的目的和功能——站台、电影院、办公区、百货商店等等。从20世纪60年代，当国际风格变为全球的风尚，建筑设计一方面受到成本约束，另一方面经历着技术的解放。

例如，客户不会要求建一个像电影院一样，而是要求花费一定的费用，建造一定的空间给一定数量的人，进行特定的活动，例如看电影。有设计师负责将这些数据融入建筑中。最终的结果就是一栋建筑的功能和特性已经不像以前那样可以轻易地确认，并且我们还会看到很多看不出特性的建筑，甚至是让人找不到入口！图137中，英国电影协会的IMAX电影院是对气体储存罐或者水箱的追忆，而不是与看电影有关的任何事。

图136　电气馆影院（Electric Pavilion Cinema），布里克斯顿椭圆形（Brixton Oval）。奥尔内·路易斯（Horner Lewis），1911 年。现在被称作利兹发行公司（Ritzy Picturehouse），这是英国最早的为特定目的建造的电影院之一，每个礼堂有超过750 个座位。经由伦敦朗伯斯区档案馆提供

图137　右上。BFI IMAX 影院，滑铁卢，伦敦。艾弗里联合建筑事务所（Avery Associates Architects），1999 年。经由 BFI IMAX 提供

## 设计类别的表达

### 坚固的建筑

　　几个世纪来保卫一个人的家园的需求一直存在。然而，入侵的威胁随着时间的流逝削弱了，并且风格逐渐淡化成了居民地位的一种表达，满足了对付窃贼以及保证隐私的安全需求。一直到乔治时代，建筑依然试着保持军事要塞一样的外表，使人想起古堡的参差不齐，正如卡菲利城堡那样（见图138）。适用于当今建筑的安全数量和质量趋于直接与拥有者的财富相称。

图138（右中）　卡菲利城堡（Caerphilly Castle），威尔士。建造于 13 世纪，盖蒂图片社

图139（右）　香波尔城堡（Château de Chambord），香波尔，法国。建造于16t 世纪。矢量图。图片：Andlit

图140 垂直哥特式（perpendicular Gothic）：国王学院礼拜堂（King's College Chapel），剑桥大学，英国。建于1515年。图片：Reginalol Ely。经由 Cambridge2000.com 提供

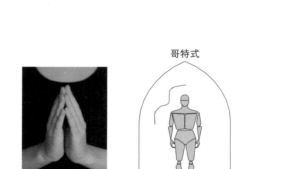

图141 从希腊的一个餐馆看到的海景——在自然环境中感受到愉悦、平和和宁静。由作者拍摄

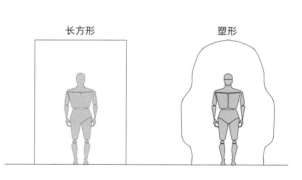

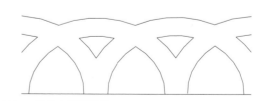

图141a 图片由作者提供

## 宗教建筑

宗教崇拜激发了一些世界上最持久的建筑，尤其是那些从古代建造到中世纪的。他们激发了崇拜者的敬畏，并且非崇拜者也一样。这说明一个强大的信仰能带来强大的方式。类似于右上角的希腊岛蕴含了满足和平的感觉。

哥特时期体现了令人惊奇的最有力量的首创设计语言之一：垂直结构达到了顶峰；形状和图形的重复提供了保证。比起普通的矩形门哥特式的拱门更具有人道主义。这种典型的尖拱被运用在窗户、石拱、飞拱以及扇形助穹顶，在建筑设计中随处可见。过渡期的拱（图141a），正如坎特伯雷座堂（Canterbury Cathedral）南部耳堂所看到的，通过上面半圆拱的重叠，产生了哥特式尖拱。

在左边的简图中，哥特式门道以及按照人形所

铸造的形状比普通的矩形更加能够唤起人们的共鸣。矩形的方案是由于建筑施工过程中经济上的必须性，这点很容易得到赞同。铸造的方案，更加符合人体工程学，并且令人想起像洞穴一般的雕刻，这种雕刻很少存在。我觉得，哥特式的通道看上去还像是握着祈祷的双手，这也是有趣的地方——与建筑的目的之间有一种美丽的、充满意义的连接。但外观上重要特色出现的主要原因在于结构——它适合使用石材。哥特式建筑的外墙应该更薄，因为屋顶的重量是由拱券承担的而不是墙。罗马式的杜伦大教堂（Durham Cathedral）的分析在下面给出：

新的拱顶、交叉拱、肋状结构以及穹顶是独一无二的，与之前所有经历过的都有所不同。尤其是与罗马式的拱顶有所不同，后者有着顶级的水平，通过使用半圆的侧面以及横向拱和椭圆交叉拱（通过两个半径相等的半圆形穹窿交叉自然地形成），伦巴底人（Lombard）的拱顶由半圆的对角线所构造，这个结果是因为圆屋顶的形式总是被哥特式的法国建筑者保留下来，由于它们固有的美感。最终，新的斜线暗示了位于扶垛角度的新垂直承重结构，并且因此我们获得了发展成熟的混合扶垛（Compound pier），后来到了英国人手里，被那些美学狂热分子所传播，并且在哥特式结构系统中形成了一种强效因素。

哥特式百科全书——新降临节

## 朴素的／修饰丰富的建筑

见图 142 和图 143。人们总是有通过视觉意象或是使用天然材料反应周围的自然环境的想法。波士顿饭店的设计者，板桥里人（Banq），从自然发展的天然性状中得到灵感，并且用独特的方式将柱式和天花板设计融合在了一起。

## 反应财富和地位的建筑

见图 144 和图 145。宫殿是国家统治者的家并且通常是一个国家最富有的人，只有他们能负担的

图 142　詹姆斯·惠斯勒（James McNeill Whistler）设计的孔雀之屋（The Peacock Room），1876-1877 年，经由弗里尔美术馆（Freer Gallery of Art）和赛克勒博物馆（The Arthur M. Sackler Gallery）以及华盛顿特区的史密森尼博物馆（Smithsonian）提供

图 143　Banq 餐馆，波士顿，美国，Office dA 工作室，2009 年。图片：约翰·霍纳

起建造这样一个大规模的建筑，用世界上最好的设计师和工匠。对室内的设计要求能容纳由于一些仪式和庆祝而到来的许多的访客，因此宫殿的设计反映了一个国家的愿望，而不是拥有者。

当今，海滨别墅也许是个人经济成就的一个常见标志，提供了当代生活的所有奢侈享受，同时还有海景和接近大海的机会。理查德·迈耶（Richard Meier）的设计，见下页，由分立的单元形状组成，与取景连接在一起，有助于空间的共享。

图 144　有镜厅（The Hall of Mirrors），凡尔赛宫（修复于2007 年）建于路易斯十六世，1668 年。图片由法国国家博物馆联合会（RMN）/Michel Urtado 提供

图 145　海滨别墅（Beach House），南加利福尼亚，美国。理查德·迈耶（Richard Meier）和帕拉迪诺（Michael Palladino），2009 年。图片由 Esto 提供

图 146　市政厅，拉文纳姆，萨福克，都铎式建筑，16 世纪早期。图片由作者提供

图 147　哈登会堂（Haddon Hall），德比郡。起始于 12 世纪，承蒙爱德华·曼纳斯勋爵（Lord Edward Manners）允许重现

## 给人舒适和安全感受的建筑

　　见图 146 和图 147。木材比石材更加温暖。同时在丰富程度上它也更胜一筹，比起其他材料更容易采集到，而且是可再生的。因此木材在欧洲的都铎时期就逐渐成熟（它一直是斯堪的纳维亚、远东和美国的一种建筑天然资源）。都铎式建筑由建造紧密的木质墙组成，内外表面都是这样。踏步、底板的延伸和屋檐增加了安全感。

　　墙上的镶板，正如海顿庄园（Haddon Hall）的照片中所看到的那样带来了极大的温暖感，然而与冰冷的石材和渲染的表面形成了鲜明对比。

## 高科技建筑

　　罗杰斯、福斯特和哈迪德以前的作品足够作为高科技结构表现的例子，并且将工程技术延伸到了极致。这包含了新材料的探究和结合设备的准备，验证了使用及检修建筑的新方式。

# 行动的表达

现在检查一下详细使用运行情况，手艺运动在第 7 章"机械操纵"中会有解释。像这样的机器运作一直被设计师们当作没有价值的东西而忽视掉了，因为它们的尺寸通常很小并且比起尺寸更大更具有象征性、更具有装饰性的室内元素它们必然被忽视。当然这种通用的方案很大一部分是由于科技的进步，但有时我们也需要停下脚步来思考究竟产生了什么影响以及我们是否要沿着微型化和隐蔽化的路线走下去。我们需要承认表现的机会并且将这些有创造力的可能性和设计方式配合起来。下面的建议书一开始因为经济上没有意义而受到质疑。这就是我们生活中的哲学、价值以及意义可以对前进的道路产生的影响。建造于 1997 年的伦敦环球剧场，就是一个典型的例子，否定了现代剧院的建筑和工艺，通过设计一个全新的剧院，类似于原始的 17 世纪的构造，在那个年代许多莎士比亚的戏剧被创造出来。目的在于给观众们带来莎士比亚作品最初表演时的感受。

## 电源开关

在多层建筑物中只需用拇指和食指轻轻打开一个照明开关就能打开成百的照明设备。这个简单的动作，只花费了最小的力气，这与照明整栋建筑这样强大的结果并不相符。事实上，真正需要的是一个适合最终结果的巨大杠杆，正如建筑物中能量的产生一样。

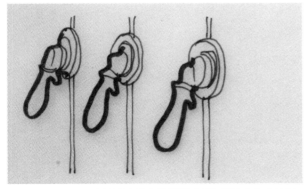

**图 148** 可否用一个更具表现力的照明开关？图片由作者绘制

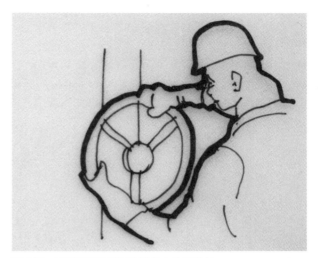

**图 149** 可否用声音控制？图片由作者绘制

## 声音控制

音量的控制通常是由一个小的旋转把手或者是滑动推子来完成的——再次通过大拇指和食指控制。发出的声音可以充满整个工作席，所以为什么操作设备不能配上有力的最终结果呢？上面的插图展现了一个巨大的轮子，与声音的影响相般配。

## 大与小

当然通常面对这种以前很大而现在微型化的这种建议，大家都会认为这种以前很大的设备现在微型化了更加经济也是节约空间的一种方式。总结起来这也是一种方向，手机和其他微型电子产品都逐渐出现，另外还提供了更加轻松的可携性和运输方式。然而，这却造成了人们的一种恐惧心理，他们会担心失去这个东西或者被偷，仅仅因为这样很容易。小是有危险的；大的更安全。另外这些设备会包含大量的信息，伴随着巨大的交流能力也对我们的感觉产生了令人心烦意乱的影响；许多年前，这意味着很长一段时间的巨大包袱，对他们的人际关系和工作安全产生不利影响。

这种抽象艺术的方式并不是照亮灵魂的唯一方式。我们多长时间期待一次过大的物体，因为他们展现给我们一种宽宏大量的材料和可能的舒适感？电源开关和插座的位置在室内总是作为一个综合设计元素被不幸地忽视（伴随着一些免责条款），并且它们总是被粗心地安置在框缘或者墙壁上，而不考虑到整体的设计。更加复杂的计算机化控制提供了更加好看的产品，但它们仍然是独立的实体（被隐蔽起来），而不是被漂亮地安置好，和灯具一起。在格兰道尔礼拜堂（Glendower House chapel）的改造中（见附录），可以看到电灯开关与细木工制品相结合。商业性的和多元职业的室内设计运用了更多的服务控制，提供控制和灵活使用方式的槽线。

## 回顾

在书中的这个阶段，读者现在能够理解这种基础理论，基于这种理论，一个设计师必须为了履行他的专业责任而工作。任何人的所有作品根本上都是那个人的一种表达，那个时候，那个年代，并且是当时社会、政治和经济的紧缩下使用的材料。这是对宗教仪式、对性能、对可过去看见的项目的润色，由项目的接收者所参与和享受。

任何制作和建造的东西都是对灵魂的提升，从让心跳漏一拍到让人产生厌倦，可能还有嫌恶。这种情绪上变化的例子会根据建筑的基础而有所不同，例如从苏格兰农场的小屋，到像凡尔赛宫那样庄严的宫殿，在章节的前面可以看到。然而这些建筑未必与情绪上的变化描述相符。许多人都觉得农场小屋让人觉得温暖和热情，并且宫殿让人觉得压抑、傲慢和反感。这是我们这个时代的建筑的关联性问题。因此设计师能够对他们作品的范围有充分的认知是十分重要的，并且将所有的材料都融入设计之中，允许这些情感上的联系来制造一种投入。这需要勇气、巨大的努力以及实现梦想的想象力，去释放一种激情，同时在现代社会的限制下创作。作家埃德娜·奥布莱恩（Edna O'Brien），于1981年说道：

我们生活在这样一个时代，我们的情感短暂的流通。你必须灵敏地去感觉它们；但你会很难展现它们，并且把它们写出来。冒着无证据的危险，冒着被嘲笑的危险。

# 第4部分
# 设计过程

# 第7章 使设计过程运行的理论基础

## 关于本章

本章的目的是为了揭示设计的真实核心，摒弃在室内设计界中普遍流传的老生常谈。它应当与第1章中的工作顺序图一起阅读。我们首先研究设计方法以及在一个理念中三维形式和颜色产生的方式。理念必定与内部空间的层次分布有关。操作形式中的绘制和思维过程与规划技巧有关。规划的行为依赖结合不同的空间以实现总体设计。我们还研究能适用于不同室内的多种空间形式，以便在某些被处理得不恰当的情况下添加一些意见。

# 设计过程

整个设计过程是协助设计师组织和整理信息的连续工作，制定设计程序并不断改善合同直到客户满意。它涉及了解决问题和促使实行一种设计方法。

不论来自哪一学科领域的设计师都通过各种解决问题的顺序来工作，以下总结出了三个顺序——直觉、方法和专业，这渐渐形成了一种方法。

### 直觉

动机 ⇨ 灵感 ⇨ 想法 ⇨ 行动 ⇨ 解决

这是在情感层面上的工作，根据感情来支配思维的萌发。它是由兴奋、冒险活动和成功的决心所支配。这也正是设计理念产生之处（见第2章）。

### 方法

研究 ⇨ 分析 ⇨ 综合 ⇨ 评估 ⇨ 解决

这是一个更严格的程序，以有效解决问题的过程，证实了利用直觉的情感方法。

### 专业

简报 ⇨ 规划 ⇨ 研究 ⇨ 市场比较 ⇨ 样板 ⇨ 技术反馈 ⇨ 汇报可选方案 ⇨ 设计修改 ⇨ 接受最终方案 ⇨ 制作 / 现场监督 ⇨ 产品完成

这个顺序正好符合了直觉和方法来针对运行一个合同的专业需求。虽然是从工程学背景出发，下面会列出一些最有影响力的方法集合。但首先，我所遇到的对设计最好的定义是来自布鲁斯·阿彻尔（Bruce Archer）[1]的：

设计是人类的经验、技能和知识，在物质和精神上体现了人类对周围环境的关心、欣赏和适应，特别是它在人为现象中涉及了配置、组成、价值和目的。

正如第2章提到的，他强调了设计师的工作是适应环境。这是设计师工作中极具意义的重要品质。一个设计师需要解释为什么他这么做和他做了什么。我们通过创造具有某种意义和具有表现力的解决方案来满足人们的需求。

基本上，设计过程中解决问题的部分通常包含了以下步骤：

1. *分析*：发现、研究、解剖和分析问题；这意味着打破问题将它转化为可辨识的部分。

2. *综合*：选择部分问题将他们组织到一起形成一个方向。

3. *评估*：为了得到一个最终的解决方案，要对所有因素进行检查。

汉斯·古格洛特（Hans Gugelot）[2]博朗公司的设计师，德国乌尔姆应用科技大学的讲师，在20世纪60年代初用以下系统工作：

1. 信息阶段——公司，客户，产品比较。

2. 研究阶段——用户需求，使用环境，可行的生产方法，功能。

3. 设计阶段——新形式的可能性，考虑制造商的需求。

4. 决策阶段——销售的反响，营销和生产管理。

5. 计算——依赖良好沟通和理解的设计调整。

6. 样板制造。

莫里斯·阿斯莫（Morris Asimow[3]，设计入门，Prentice Hall 出版社，1962 年），在系统工程领域运用了如下解决问题的技巧：

- **确定问题**——列出问题清单，选择要解决的问题。
- **分析问题**——收集信息，集中关注，找到可能的原因。
- **解决问题**——制定解决方案，提供多种解决方案，挑选最佳方案，制定后续计划，决定和实施解决方案。

■ **监测和结果**——交流和记录数据，将收集的数据与预期的进行比较，调整进程。

■ **记录结果。**

在我还是学生的时候，布鲁斯·阿彻尔（Bruce Archer）是皇家艺术学院的艺术研究教授，在1965年工业设计委员会发表了他的极具影响力的著名论文"设计师的系统方法"。他在最喜欢的设计方法中（1963年）提出了反馈循环，这在之前是前所未有的。这不是一个简单的顺序过程，而是在一个自身不断循环的过程中提供了反馈。如下图所示：

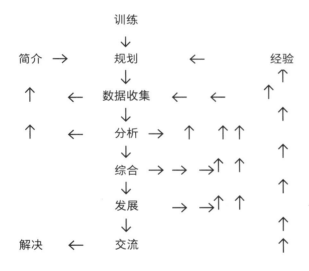

克里斯托弗·琼斯（Christopher Jones）[4]在1970年《设计方法》（Design Methods）一书中将设计方法作了如下定义：

方法主要是解决逻辑分析和创造思想之间冲突的一种手段。困难的是，除非能以任何顺序，在任何时间自由地选择问题的任何方面，否则想象力无法很好地工作，而一旦脱离一步一步系统的顺序，逻辑分析就会断裂。由此可见，如果要有一点点的进展，任何设计方法都要允许两种思维一同进行。

现有的方法很大程度上依赖于保持逻辑和想象力，提出问题和解决问题，但仅通过意志区隔它们，而它们的失败通常也可归因于一个人很难将这两个过程分开。所以，系统的设计主要是通过外部而不是内部手段来分隔逻辑和想象力。

他总结出设计过程中的关键部分是：

■ **分析**——设计要求的性能规格。

■ **综合**——针对一个单一方案中的各项性能规格的解答。

■ **评估**——对备选设计的性能规格进行测试。

克莱夫·爱德华（Clive Edwards）在他《批判性室内设计入门》（Interior Design – A Critical Introduction）（2011年）一书中提到，他认为线性的设计过程在现实中是一个复杂的，相互交织的，自反性和不可预知的过程。

1. 制定——立案和可行性。
2. 规划——研究和确定范围。
3. 方案提纲——计划、细节和产品信息。
4. 表现。
5. 汇报。
6. 运作和实行。
7. 项目管理——现场，竣工。
8. 评价——反响、反馈、POE（使用后的评价）。

# 产生 3D 形式和色彩

### 使用空间、形式、色彩和纹理

在已经建立了一套获得设计问题的方法后，现在有必要理解形式和色彩如何在我们的概念思维中产生的。杰弗里·布罗德本（Geoffrey Broadbent）[5]列出了4种人类已经发展的设计系统。我们继承了这些方法，对它们进行改善、修改、裁剪以便适应当前形势。

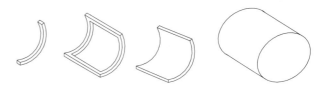

### ■ 实用的方法

原始人类学会了如何通过反复的试验和错误在最终某一时刻取得最佳解决方案。

### ■ 标志性的方法

由于部落和社区开始形成，技术发展，由此产生的生活表达方式是标志性的设计。它们都用于装饰自己，装饰居住地或在某些活动上具有精神意义。

### ■ 类比的方法

一个设计系统的开始依赖于思考和绘图，也根据遗留下来的建造方式作出适应。

### ■ 规范的方法

几何系统在网格中的运用同时能够加强秩序和权威，从而能够建立功绩。

在第 4 章中我们研究了从一个点到一个基本四面体的形成方式。点可以以装饰元素的形式出现在设计中或作为固定装置，例如：螺钉、销钉和螺栓头。同样地，线也可表示面板瓷砖等之间的结合线。不论最后选择了什么形状，在直线的模式下始终都有对相对的 3D 形式形成的概念理解：四个构件组成一个框架，一排构件组成一个面，一排面组成一个块。

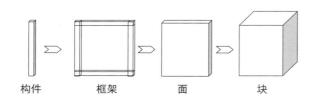

构件　　　框架　　　面　　　块

本质上说，我们设计的是能组成各种单元形式的构筑物，但它们可以有着无尽的几何变化和组合。构件可以是由木头、塑料或金属制成的骨架结构的一部分。框架被用在家具或是部分的施工中。面可以是面板或一个结构的表皮，体块代表了有足够深度的体积形状，例如：存储单元、基柱和建筑结构。

这是同一个系列，但是，是一个简单的曲线模式。由立方体变成了圆柱体。

这里还有另一个观点，它认可建立了几个世纪的传统，但对"分形"关系的有机性质有着较强参考。

世界各地的人们建立的民间建筑往往具有分形特征。我相信我们的思维在建造事物时"天生地"会有特定的方式，所以就不可避免地建立分形结构。人类最伟大的创造远远超出了必要的结构；我们觉得有必要形成几种特定的形状和几何关系。只有当某些风格影响我们的时候，我们才能顺其自然地离开它。

Nikos A. Salingaros，《新建筑的分形》

下图阐述了数学中的分形是如何产生的（来自 Salingaros）。它强调形状的生长和如何将部分与整体有机结合（完整形态）。

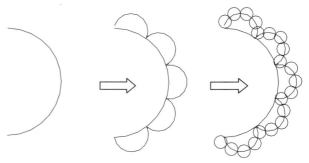

## 色彩

颜色存在于所使用的材料中，也取决于光线的效果（见第 2 章）。这本书并不像其他参考资料那样有意要详谈色彩，但我想阐述色彩这一概念要如何具体分析。色彩是第 2 章中列出的八个概念之一，它需要制定一个总的室内方案才能得以实施。下面的指南详述了那些影响色彩选择和规范的原因。

· 一种颜色可以成为主导色彩。

· 一种颜色可能会与其他颜色混合。

· 颜色的位置需要被确定。

· 你必须估算一个颜色与其他颜色之间的比例（数量）。

· 你必须确定颜色所具有的形状。

· 你必须选择材料来满足色彩的选择。

· 你必须决定反射的程度（如果有关）——哑光或抛光。

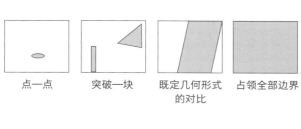

点一点　　突破一块　　既定几何形式　　占领全部边界
　　　　　　　　　　　的对比

### 色彩增长或分配的思考顺序

上述的思考在目前的实践中并不是一直实行。例如，由于设计师对材料都有特定的倾向，所以材料的选择也许会决定颜色的选择。因此，设计师避免了民主决策，使选择材料变得更简单。

# 轴和力

轴是一条有方向性的线。

勒·柯布西耶

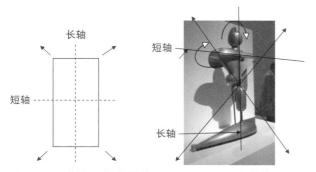

长轴　　　　　短轴

短轴　　　　　长轴

图 150　奥斯卡·施莱默（Oskar Schlemmer）抽象图形，1923 年，圆形雕塑。图片由 Getty 提供

奥斯卡·施莱默的雕塑揭示和总结了人类的姿势与动作。抽象的形状是基于他在包豪斯时对舞蹈的研究。长轴是主要的轴，它基本能承担起所有的东西。在三维中设计任何东西，结构原理上都包含了轴和力的方向，它们是控制形式的方法。我们从自然界学习到了结构的形式，以及固有的轴与力。不论一个结构采用什么样的形状，轴都会遵循这个形状。

图 151　a,b,c,d 生长的形式。树木被看作是一个完整的结构，从树干到树枝，树枝到树叶。由作者拍摄

在室内设计和规划中，要将"整体性"的有机感和结构贯穿到设计过程中。采用这种方法，在风格、性格和时尚方面不会有任何预测的影响力。这仅仅只是在民主专政而不是独裁上辅助设计过程。

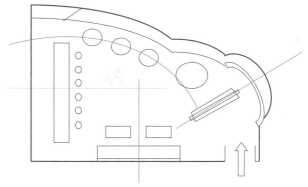

咖啡馆的平面图展示的四条轴线（红色的，中间的线）制定出了一个规划概念。它们是主要几何构件的中心线。除形状和形式外，这个规划还包含了更多的因素：见第 2 章中列出的其余七个概念（见P57）。

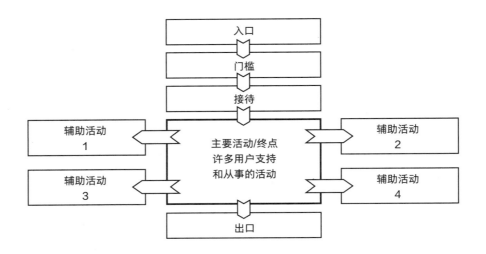

## 室内空间的顺序

上面简单的图表可以运用到任何建筑中，也可以扩展后运用到更复杂的空间。它展示了当人们进入一栋建筑后所进入的室内空间顺序。

如果是一个基础的办公区域访客首先会穿过入口到达接待区域，来到主要活动／会议室，接着是诸如茶水间这样的辅助区域，然后是卫生间或办公室。这里的分层仅代表优先使用的顺序，而不等同于每个空间的大小。因此，为了表达重要性，主要活动由较大的图框显示。出口和入口相同。在进入一个空间后，根据这个人的方向、距离和方位他会作出决定走向哪里。

值得记住的是，当设计师在二维模式下工作，他们同时也在考虑着三维。在整个设计过程中，他们总是在不同发展阶段将正在设计的空间形象化，从毛坯房（空的）到逐渐充满了内容。

## 绘图工具

所有的设计工作是绘制能够用于交流沟通的图纸，以便于能够向客户介绍这个室内在完工后看上去是怎样的。

同样也有绘制给承包商的施工图，用于告诉他们如何建造这个室内。绘制这些图纸的机器简单来说就是阐述的手段。

### 平面图

平面图不是室内中的一个视角，它是：地面，三维空间的二维图像，剖切的高度通常在1400mm（55in）左右。正如柯布西耶所说，"平面图是发电机。"在任何设计项目中它通常都是起点。当客户评价建筑恰当与否时，是平面决定了使用面积和每平方米的花费，而不是通过立面或体积计算。

我们对于一栋建筑的感受都源于我们在它周边走动时的三维视觉。我们从不去看它的平面形式，那么我们为什么不直接在三维模式中设计呢？答案是：三维的视图能够告知我们空间的规模和影响，但我们无法很容易地辨认出距离或是物体间的结构。我们需要平面图，因为它是一个建筑的测量记录，以便能够在物体和构件使用时相互之间有一个尺度。

### 立面

值得注意的是在许多情况下，与立面图比较，平面图通常传递了一个设计的基本力量与精神。为什么当我们不能在一个物理空间中直观地看到一个完整项目的平面图？当我们进入一个室内时主要焦点都在面向的立面上，但是为什么立面图在一套图纸中并不有趣？这是因为立面描绘出了一个边界（地板，相邻的墙壁和顶棚），随后将现实中的物体压平在这个边界上。当我们进入一个空间，我们不会把墙壁称为"立面"，因为我们是在三维的空间中。我们不会进入一个空间然后评论"这个立面很美"。"立面"应当是一个绘图中的术语。

这些绘制的立面表示了二维的表面，但也有一些三维性的元素来表示内部装置。墙（术语中为厚度）像家具一样出现在平面图中。在立面图中也会看到墙体（术语中叫表面），但松散的家具不会，因为它不是固定在墙壁上的（除非它穿过这个空间，在墙体前出现了家具）。我们习惯将墙体设计成垂直的元素，从水平的角度看，它们不像平面的楼板一样承载了物质或引导了力的生成。这是因为规划的行为涉及了墙体作为剖面的安置（一个平面是一块穿过垂直结构的水平区域）。立面不是以同样的方法来规划。也许这也是为什么他们经常利用装饰性的处理来缓解沉闷。近年来先进的曲线设计方案都借助计算机辅助设计，由于三维设计的整体性，更多的形式能够被运用到立面上（见第6章扎哈·哈迪德的理论）。

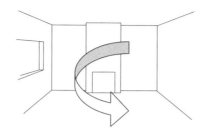

3D视图-透视
我们所能看到的并在其中
互动，但不能测量。

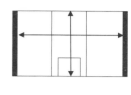

立面
可以测量并适用于静态

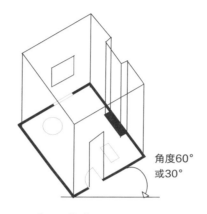

角度60°
或30°

3D视图-轴测图
结合可以测量的平面图和立面图

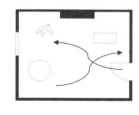

平面
可以测量，并可以在其中
移动

## 三维视图

透视图是设计师最后的目标，因为这个视图代表了用户在室内的感受。与平面图、剖面图和立面图相比客户更能"读懂"和理解这些透视图，因此这些图纸是最终销售的方案。根据已有的平面图和立面图绘制轴测图是最快的，所以设计师都喜欢轴测视角。手绘需要一个漫长的过程。CAD动画可以提供三维视图中的"漫步"，这大大地方便了交流。

下一步就是要将上述图纸建立在一个网格上。

图 152　手绘透视。图片由作者提供

# 网格

## 地球网格

几何学家和古文明建造者奠定了测量网格来帮助解决测量大小和分配开发土地。世界上的经度和纬度由葡萄牙航海探险家在16世纪系统地开发，这是网格系统应用到近球形的地球上的一个例子。地图参照了经度和纬度而产生，这使得地方能够被定位。我的研究表明有些人似乎是专门负责这一测绘系统的发现：希帕克斯（Hipparchus，公元前190–120年），希腊天文学家，他发明了通过经度和纬度定位的方式；罗马学者托勒密（Claudius Ptolemaeus，公元90–170年）和印度的阿耶波多（Aryabhata，约公元500年）他们提出了一个穿过南北极的地球轴数学系统。这建立了纵向圆和经线的发展基础，它距离赤道111km（69miles）不断地经过极点。北纬0°线由地球的赤道定义，特征可由天文观测得到，它是两极之间的中间线。

有趣的是，如果从赤道上的一点开始旅行，向北旅行的最大长度（同样也适应于向南）只是四分之一的经线（如果你坚持走过了北极，那么之后就会向南）如果你无休止地向东或者向西旅行也是一样的。在海军的指南针上东、南、西、北已经成为普遍的参考方向。它们已经被形容成是"地球的四个角落"。但为什么呢，地球是圆的？即使地球平坦协会也从不认为地球是方的。我们认为所说的角落是指南针上的角落而不是实际所指的角落。

景观中有一种不常见的指南针叫作风向标，也叫作风信鸡。风向标的设计是一个安装在立杆上的箭头。箭头图标上设置了固定的指标，指向东、南、西、北。当风吹来时，这个图标绕着立杆自由旋转最终指向风的方向。风向标已经存在了上千年，曾经一度对农民十分重要。

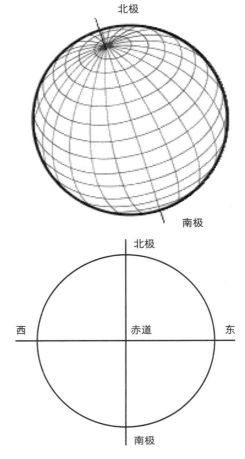

### 经度

· 从地球的中心（东—西轴）开始每一圈（经线）通常被记为5°或10°，最大可达到360°。

· 每条经线都经过两级。

· 每条经线的直径相同。

· 在任何经线上，向北或向南旅行的最大长度都只有经线的一半。

· 经线通常都被描述为垂直的线——为什么？这当然取决于你从何种角度看地球。

### 纬度

· 从地球的中心（南—北轴）开始每一圈通常被记为5°或10°，最大可达到181°。

· 各纬线之间同心等距，半径逐渐减小直到达到极点。

· 在任何纬线上，从指定的一点向东或向西出发，你可以持续不断地走完整条纬线。

· 纬线上没有东、西或极点。

### 地球上的坐标方格

· 从赤道开始，由经线和纬线组成的一系列的递减梯形（更多或更少），就如上图所示。

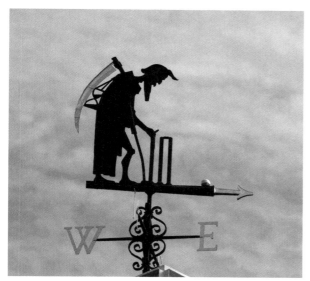

**图 153** 罗德板球场的风向标，伦敦，1926 年。通过马里波恩（Marylebone）的许可而转载，板球俱乐部

方形网格

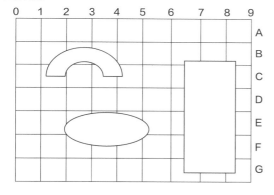

其他网格的例子

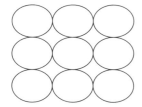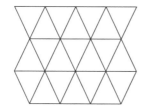

风向标的需求已经被各媒体播报的先进天气预报所替代。

### 建筑网格

建筑网格是适合建筑构件的模块化基础坐标，例如 500mm 或 600mm 的网格。在制图中，通过参考坐标，网格能够使物体参照彼此间的关系来进行位置的规划。就如 Albarn 在第 5 章中的工作，在得到最佳的解决方案之前，设计师采用了网格的方法来进行规划。网格可以是方形的，但为了适合特定的项目也可以是其他不同的几何图案。

## 设计理念的发展

在第 2 章中（见 P57）列出的八个次要设计概念里，我们只研究三个，其余的在"设计元素"中有所涉及（这一章先前的部分）。这里将要讨论的是：规划、流通和施工。

### 规划理念

规划是为三维的空间提供二维的图纸。这些都可以由三维草图和模型来支持。要完全掌控三维设计，设计师需要想象在室内的任何位置能够看到的样子。这个角度应该能够 360° 旋转，从而使最终的设计能够更全面。

下一页的插图阐述了可以旋转的角度。在实践中，设计师可以只选择一些常用的角度来展示给客户。有多少次一个饱受赞誉的室内设计因为一些被忽视的次要角度而摧毁？这种类型的方案充分发挥了潜能就不会出现类似的情况。

规划过程中有好几个步骤，它们都与某些信息和数据有关所以不是所有决定都能一次性确定。

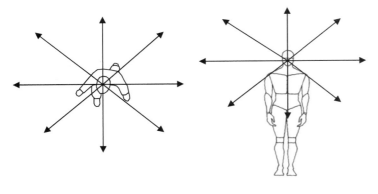

会绘制一系列的气泡图来建立这些活动空间之间的关系。在测试它们如何适应这栋建筑前气泡图脱离建筑平面图来完成。例如，第一步如下：

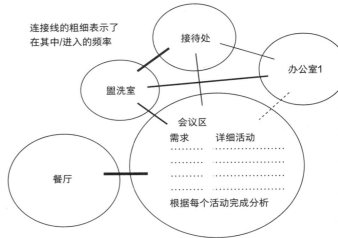

规划中的九个必要成分如下：

- **区域**：根据将会发生的活动对空间进行合理分配。
- **人流循环**：人们定向的流动模式。
- **围合结构 1**：应对已给定的建筑形式—主要结构。这些通常都是不可移动的承重结构。
- **围合结构 2**：改变和塑造次要结构。这些通常不是承重结构，并且可以使用一些轻质材料。
- **连通空间**：这是主要的循环系统。
- **支持定位 / 存储 / 元素的展示**：改变和塑造它们。
- **给可移动的家具留出空间**：选定位置。
- **照明**：布置开关和光源的位置。
- **建筑设备**：布置电缆和线槽的输出位置。

根据预定的图像和理念，围绕着表达，含义和客户的身份，上述的几条成分会进行到客户满意为止。它会由几何秩序中比例的方法来控制并参照预期施工和材料的技术概念。

根据客户的要求，第一件要做的事通常就是规划（见第 1 章"室内设计师做些什么？"）。在简报中会列出在特定空间中将会发生的活动，并详细列出活动人数以及活动的要求。

在前期的草图构思中，一个活动由一个圆圈（气泡）来表示。与周围彼此相邻的活动一起，设计师

分析每项活动的要求，建立大致的空间关系，下一步就是确保他们彼此间的共存关系，使空间、形式、色彩、纹理、材料和照明等设计成分相和谐。第二步如下：

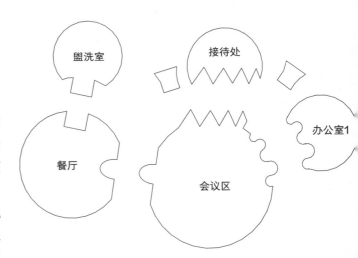

第三步是使这一切适应建筑的形式，并在这个方向上做出改良。右图是为了概念性地说明这些，每个空间在形状和特征上反映出了它所能承载

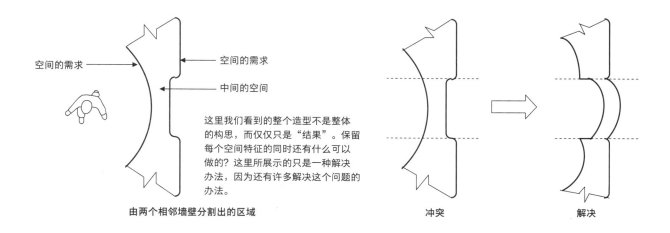

空间的需求

空间的需求
中间的空间

这里我们看到的整个造型不是整体的构思，而仅仅只是"结果"。保留每个空间特征的同时还有什么可以做的？这里所展示的只是一种解决办法，因为还有许多解决这个问题的办法。

由两个相邻墙壁分割出的区域

冲突

解决

的活动特性。（要记住的是，在实行总体的设计前八个理念的规划必须建立起来。）他们应当融入每个相邻的空间以证明设计的兼容性，而不是每个空间被分解出来作为单独的元素来设计。如果空间和空间之间有一个松散的连接（损害了最初的设计概念）那么这部分的设计就如上面的草图一样需要修改。

通过调整和统一，能够达到一系列效果。随着其他因素的介入，例如：施工，都会有助于总体的设计概念来协助解决问题。设计过程中如果有两种相反的力量，那么就要学会折中（见上图）。也可以参考《室内设计》[6]。想着这样解决两大设计部分的问题被称为"二元性"。如桌面／腿部支撑，窗框／玻璃，光／影子等等。

## 流通理念

连接所有空间的线条就是人流的流通。当一个人开始在一栋建筑里游走，就会产生多种不同的决定，例如：是否向左、向右、向上、向下或是直走。空间的设计必须帮助人们作出这些决定。在每个空间的出口／入口这些决定都反复发生。

## 水平流通

在建筑空间里有三种方法可以使人们从一个空间到另一个空间，有时是通过一个叫作走廊的狭窄空间（这些空间必须能应对人流量作出调整）。

1. 空间中的指定路线。

2. 通过一个空间的未定义的路线。

3. 通往次要空间的走廊。

人们有目的地走向目的地，或是边走边悠闲地

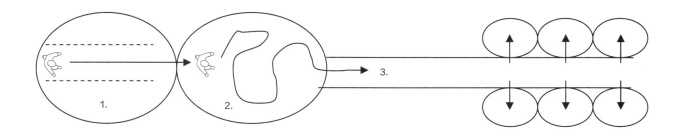

图154　多方向的通道。图片由作者提供

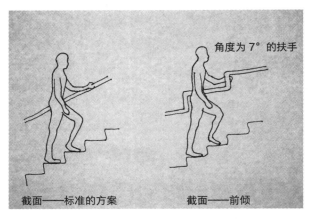

图155　向上的楼梯

图156　向下的楼梯。草图由作者绘制

观看某些展览或是边走边做其他事。通道的建议宽度是800mm，（31½in）以便一个人能通行，或1200mm（47¼in）供两个人通行。

　　在车站还有与运输相关的建筑中流通的区域一般都是多方向的。

### 垂直流通

　　目前我们所能掌握的垂直流通方式有固定的楼梯，自动扶梯和电梯。让我们依次来看看。

### *固定的楼梯*

　　当攀登楼梯的时候，人的身体前倾，并使用扶手作额外的帮助，以把身体向上拉至楼梯——这需要很大的努力。当下楼梯的时候，身体不需要承担相同的姿势，而是保持直立或稍稍向后倾斜以防止摔倒。这不需要很大的努力，然而这是一个比较危险的过程：不少人摔下楼梯。由于人体工学，在这两种情况下力量扩展和人的感受有着很大的不同，这表明了也许我们应该有以下两种楼梯（一个向上，一个向下），或者单个楼梯应当被分为两部分以满足这两个条件。

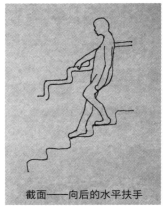

　　图155中左侧的草图展示了标准的带有扶手的楼梯。右图是建议改造的形式。图156满足了先前的建议。它满足了两种情况，所以踏面和立面不需要有任何差异。出于这方面的经验，我们已经关注到了扶手。某些形式的扶手是必要的，它不仅满足了规定也提供了支撑。扶手在设计上的差异取决于周围结构和栏杆。让我们用一个管状扶手来举例。

　　*上升*：为了确保良好的杠杆，建议设置一个几乎与把手平行角度的立柱与倾斜的扶手相连。每隔一个踏面就有一个这样的结构，因为攀爬者在下一个立柱出现时正好放开了手。

　　*下降*：现有的带有角度的扶手，如第一个草图所示，它符合人体工学，却不是很舒适，因为手和手腕向前弯曲太多。因此，在图156中建议水平扶手可以更加倾斜（如果符合设计师的目的）这样与

标准的设置比起来更容易握住。把手与垂直的圆管相连，因为可能需要更规则的把手，所以每一个踏面都会有一个这样的结构。

这一过程中的下一步骤是（这里没有这样做）比较两个建议，来看看有没有什么共同的基本原理可以使用，使设计在经济和视觉上更加可行。

因为对使用的观察，这些想法会呈现给设计师。因此，这阐释了一个设计师需要通过观察、尝试和测试每个方案来工作。

## 移动的楼梯

自动扶梯和行人输送带拥有标准楼梯的配置和扶手，不论是上升还是下降都提供了一样的设计，不同之处在于一边是向上移动的一边是向下的。根据需求也可以反向运行，或是两边都向同一方向移动。如果情况需要，楼梯也可以保持一个固定模式。它似乎没有最大长度的限制，但在公制手册中说明了 600mm 宽的台阶每 30min 能承载 1600 人。

## 电梯

多年来电梯的设计，经历了从无法在建筑形式上表达的隐蔽式滑动方块到充满未来感的透明舱体。隐蔽式的盒子是一个要与不认识的人们一起被推入的密闭空间，在今天看来依旧让人们感到不舒适。有些人因此更愿使用楼梯。老百货公司和酒店曾经有电梯操作员，他们在工作时间里待在电梯里，一般他们会与乘客交谈以让乘客安心。在我还是个男孩的时候，对他们能够掌控电梯很感兴趣，就好像他们是船长，在他们的双手下你感到很安全。他们通常使用复杂的轮子和杠杆来控制电梯，也打开门供人们上下。

现代的透明舱体，除了看上去更危险，不论规模如何，减少了幽闭感同时在视觉上给乘客和观光者娱悦感。唯一的缺点是有些乘客会感到眩晕从而不会乘坐它们。

## 建造理念

我们假设建筑的结构要么已经存在要么正在被其他人设计，这样根据所需的安装类型就可以对内部进行设计和规划（见第 2 章"环境"）。在我的教学经验中，学生们总是假设在所有设计完成后施工才会被制定，施工图是在项目末尾才完成的。让我来纠正这种想法，设计的首要任务是从二维平面到三维形式、材料、颜色、摆设等方方面面进行思考。第二步就是要将这些想法用各种形式画出来，这将是变化，修改和衔接的开始。取得这些概念的方法取决于室内是如何建造和汇集到一起的。墙壁、隔板、顶棚、门、内置细木工及其他特制艺术品的细节在施工建造方面需要相互关联。此外，设计师在规划中投入的情感费用与施工和材料密切相关。如果你看看弗兰克·劳埃德·赖特和阿诺·雅各布森[7]的作品，他们建筑的精神和内部的空间在细节上是相呼应的。

他们设计了一切甚至包括餐具。形成这个概念的过程如下：

- ·确定必要的结构装置——柱、框架、面板。
- ·确定结构的形式和形状。
- ·确定热学和声学特性。
- ·如果相关，确定透明程度。
- ·选择合适的材料——木材、金属、塑料、混凝土等。材料的选择由材料的局限性和连接，固定类型／安装方法所约束。
- ·确保最终的选择符合预期的室内视觉效果。

这个过程是非线性的，因为设计师总是会修改先前的决定。

我们设计的形式是要固定在墙壁上或是卡在顶棚和地板上，抑或是落地和悬挂在顶棚上。下面的分析侧重于单独创作的形式。

## 事物是如何聚集到一起的?

这本书并不打算深入探讨关于紧固零件和嵌固零件的问题,因为那又是另一个完整的话题了,但是,提出必要的概念思维,来建立关于连接的预期准则是十分重要的,这可以让人对整个室内的大概念和方案产生认同感,并且满足表达的需要。这举例说明了构件(组成框架)和面板是如何连接的。

请注意下面的这些例子都是一个建设原则的首要基本思想,之后就会因为形状的变化以及材料上的限制而变得越来越复杂。

### 构件到构件

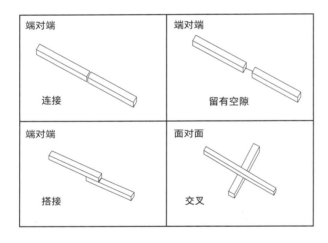

### 面板到面板

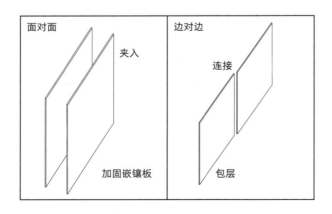

### 面板到面板

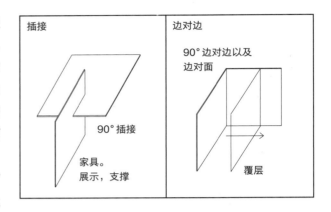

### 面板到构件

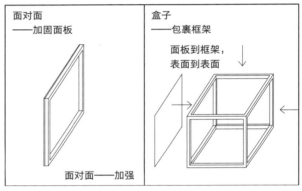

## 一些工业案例

### 金属框架:构件到构件

钢管系统中有着各种各样的连接方式,例如将两根管弯成90°连在一起等等。同时,这个系统也有将管子固定到建筑结构上的方法。

### 木构架:通过面板包裹来实现构件到构件

格兰道尔教堂的软木框架(图159和图160)是专门为了MDF胶合板覆层而设计的(图160)复杂的相交部分在拐角连接。请注意接收弯曲覆层的弧形框架。

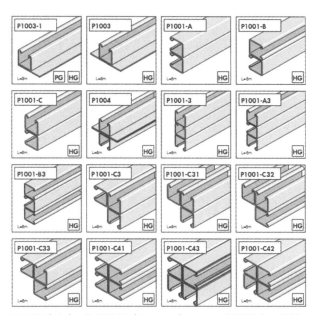

图 158（右侧） 凯克兰普装置（Kee Klamp fittings）。流行的钢管综合利用框架。由凯国际安全（Kee Safety International） 提供，2011 年

图 158a（下方） 凯克兰普装置用于一个酒吧的架空结构。由凯国际安全提供，2011 年

图 157（上） 单杆体系（Unistrut）——一个销路广，强势，多功能的钢槽公司，从事于建筑的所有服务、照明和机械设施固定。该公司还生产角钢架和伸缩管

图 159 和图 160（下方） 格兰道尔住宅——教堂的改建，2002 年。设计师:安东尼·萨伦伯格( Anthony Sully )。建筑师:格雷厄姆·弗莱克纳尔（ Graham Frecknall ）。由作者拍摄

承包商的临时地板（后来去除了）

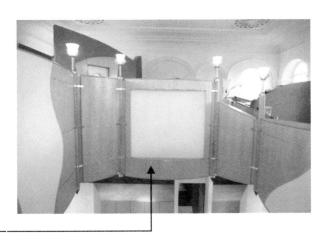

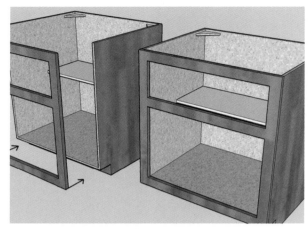

**图 161** 用硬纸板制作的碗橱骨架。经由 www.Home-style-choices.com 提供

### 木板结构：面板到面板

图 161 中展现了一个完全用面板制作的碗橱骨架。面板间有大面积的去除，以形成一个"框架"元素。

## 描述性名词术语

作为一个设计师，对词汇的掌控是十分重要的，这样你才能描述你在做什么，才能说清楚你最终方案的质量。下面的列表不是很详细，仅供参考。

**相邻：**相互靠近的空间或物体。

**平衡：**用来描述设计中的均匀性。

**角落：**通常是由 90° 相交墙面形成的。

**方向型：**与之前在第 2 章"要素 9：信息"中提到的一样。

**重点：**用于描述主要特点或主要的规划策略。

**流动性：**用于描述设计的有机流动特质。

**协调：**描述了各个部分和平共存的状态。

**层级：**解释事物的秩序.

**全面：**成为一个整体。

**部分：**部分设计。

**迷宫：**复杂的一系列空间。

**图层面板：**表面材料在一层，家具在另一层，

然后还有照明等等。

**重叠：**通过空间，活动和功能。

**周界：**一个平面的边缘或轮廓边缘。

**节奏：**设计的心跳；我们的眼睛所反射的。

**规模：**元素的大小关系。

**序列：**通过一个建筑的行程是一系列连续的体验。

**匀称：**在自然和古典建筑中十分明显，但不对称（相反）也有它可取的地方。

**楔形物：**两个区域或形状之间的区域或形状。

**整体性：**一个统一的设计——完整的。

下面是取自约翰·乌特勒姆网站（www.johnoutram.com）的一段完美的描述：

在琼的建筑中，古典思想以一个全新的方式被重新诠释。筏形基础的原木通常超过了资产，他们仍然浑身湿漉漉的，漩涡使我们想起混乱的洪水。原木的上面是一个绿色的夹板或平台，平底船骑在上面人们可以在上面"生存"。当洪水退去，平底船停在河谷，这个过程中体现出了整齐的多柱式建筑。这种侵蚀作用特别明显地体现在了柱子的地质条纹上。

## 建筑分析

除了对建筑包括其室内的设计进行研究，也要分析它的几何结构，在设计想法实施之前对条件和特性进行分析。这包括相关的外部景观元素。

在格兰道尔的住宅转换中，可以看到教堂的主轴线穿过了大门一直到过去祭坛所在的地方。我的设计，正如附录中所看到的（见 p.202），将 45° 轴以及柱子的辐射圈作为一个强有力的决定因素，形成了壁龛。格兰道尔住宅[8]的平面图中展现了建筑的结构布局的主要几何力量。这种力量是由墙面、窗户和门，还有七个铁柱体现出来。这些柱子的截面是圆的，因此可以看到一圈圈的同心圆从中间的

圆心发散出来。同样截面和立面也要分析，以对建筑有一个透彻的了解。

　　建筑的历史和背景，以及它被使用的方式，所有这些形成了这个地方的精神——注入设计中的重要感性数据。重复的水平线、垂直线和斜线与同心圆结合在一起，产生了一个内置的网格，展现了建筑的精神，并且有助于关于新嵌入结构的位置设计。这些不会决定接下来的事情，因为设计师可以想到其他有影响力的妙计来反驳这种数据；如果做到了这一点，就可以完成对给定情况的一种相关反馈。

**图 162**（右）　德克萨斯州休斯敦莱斯大学计算机工程学院，邓肯大厅的马爹利大厅。建筑师：约翰·乌特勒姆（John Outram），1997 年

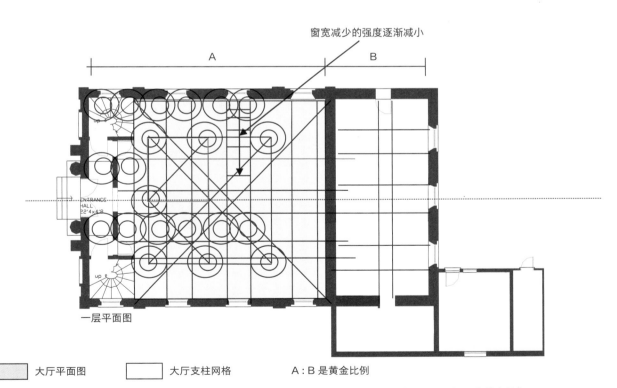

窗宽减少的强度逐渐减小

A　　　　B

一层平面图

大厅平面图　　　大厅支柱网格　　　A : B 是黄金比例

**图 163**　格兰道尔住宅平面图，教堂改建，2002 年。设计师：安东尼·萨伦伯格。建筑师：格雷厄姆·弗莱克纳尔

## 操作技术

在我们详细研究空间使用上的设计因素之前，我们需要先理解一些可能要采取的措施，让我们能够实现流动性、灵活性和适应性。建筑物是作为一个静态的结构体来设计的，但由于种种原因在建筑物中有很多零部件和操作设备都是可以动的，我们需要从人体工程学来分析这种运动。

手的形态随着动作的不同而不同。水平拉伸的形态也可以是推的形态，并且在某些情况下还可以同时做多个动作。例如，将转动门把手看作第一个动作，这个动作就会导致第二个动作，握着门把手推门，虽然把手主要是用来转动的而不是用来推的。根据门的构造，可以产生各种各样的手部姿势。插图中显示了滑动门和折叠门的情况。下面是一些常用的术语：

- **推**：门板、移动家具、屏风。
- **拉（水平）**：门把手、移动家具、屏风。

- **按**：铃、电梯控制、电子设备。
- **抬起**：水平百叶窗、带铰链 / 家具的门。
- **拧**：淋浴 / 水龙头控制、电子旋钮、家具机械、锁。
- **拉（垂直）**：线、电缆，用于各种功能的链条。
- **转动**：门手柄、管道设备、电力。
- **滑动**：墙壁门、家具门、家具、隔墙。

## 关于比例的注意事项

我们必须学会作出一个判断，究竟哪一个是在所有这些存在的室内要素的尺寸和形状上遵循了整体设计概念的——外墙、地平面、存储 / 展示以及支撑。这是高与宽之间的比例问题。我们通过观察空间中坐着或站着的人来设计，以更好地分配空间。

在室内空间的三维视图中，哪些是可以用来定向的？圆与方都是静态的，不具备定向作用。矩形要么强调水平要么强调垂直：

图 164　操作技术。由作者拍摄

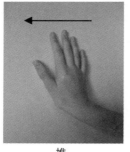

推

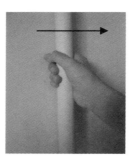

水平位

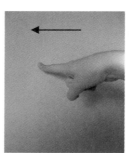

按

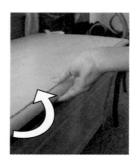

抬起

拧

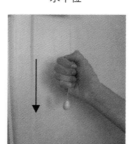

拉—垂直

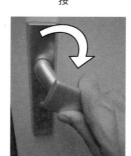

转动

滑动

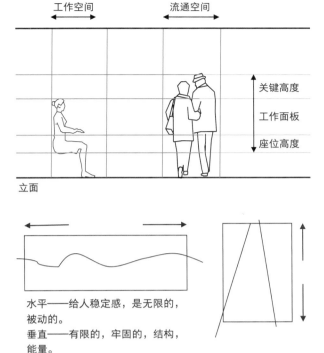

工作空间　　　　流通空间

关键高度
工作面板
座位高度

立面

水平——给人稳定感，是无限的，
被动的。
垂直——有限的，牢固的，结构，
能量。

虽然有各种与设计内容相关的形状，水平或垂直依然需要被强调。透视图（见下图）可以让一个设计师意识到上面的立面图还可以结合起来产生别的效果。所有的表面受到边界的约束都会产生两个方向。空间有一定的流动性。当这些力量都展现在你

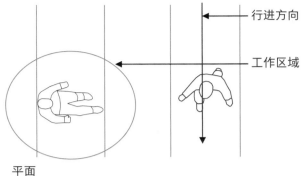

行进方向

工作区域

平面

眼前，你就需要将所有表面的比例关联起来考虑，同时兼顾空间的流动性，来创造一个绝对均衡的方案。

### 是什么决定着设计中线条的创建？

　　一个设计是由三维形态和二维表面结合而成。这些在草图中都是用线来描绘的，但什么才是真正用线来表示的？

· 一个三维物体的边缘例如墙／屏风划分或家具。
· 用特殊的材料将一个表面打破或是材料／结构的改变（门、窗）。
· 应用标记。

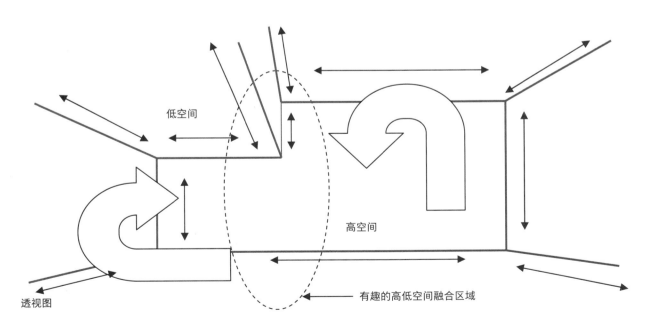

低空间

高空间

透视图

有趣的高低空间融合区域

### 形态是如何从地平面发展起来的？

垂直方向—向左或向右—什么角度—什么高度？

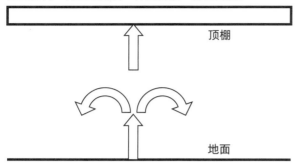

设计师应该将形态的发展看作是将植物的种子种进地里。正如这一章前面在"生成3D形式和颜色"部分所提到的，每一个想法和行为都有一个开始。每一个线条从一个点开始扩展成一条线。地球的引力支配着所有事物。它开始于地平面，然后由我们向上构建。因此设计师的想法就会以引进大量形态和产品作为开始，例如专有墙面系统和家具，这样就扼杀了创造性突出的方案诞生的可能性。

# 入口和出口

### 我们如何穿过墙壁？

墙面包围着我们的室内空间。门道和开口给我们提供了从一个空间移动到另一个空间的方法。设计师很少充分地考虑这些过渡点。让我们一起来研究一下开口，通道设施以及门道区域。

当一个物体，仅仅是一个门，能够让人感受到犹豫、诱惑、欲望、安全、欢迎和尊重，如何凝聚所有的事物就变成了精神领域的问题。如果要让一个人说一说所有他打开关上过的门，所有他会要再次打开的门，他可能需要说出他整个人生的故事。[9]

加斯东·巴舍拉（Gaston Bachelard）

### 设计依据

这里列出的是设计师应该注意到的一些基本设计依据。根据具体的用途可能还会有进一步的问题需要解决。

- **开口**：取决于立面的宽度、高度和形状——比例方面的考虑。
- **深度**：由平面周围的结构决定。
- **打开/关闭设备**：什么样的作用机制？铰链、滑动、旋转、折叠。
- **开口的目的**：开口两边空间的功能是什么？
- **划分密度**：声音和视野要分离到什么程度？
- **门**：它是作为墙面的一部分来设计的还是作为一个单独的表达元素？
- **可移动墙面**：一整面可以移动的墙，来制造想要的开口。

### 开口

加深墙的厚度形成一个回廊式的空间。

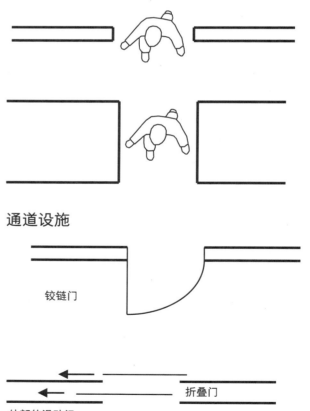

### 通道设施

铰链门

折叠门

外部的滑动门
隐蔽的（折叠门在墙壁之中）

铰链门是我们最常采用的类型。然而，这种类型的门在开的时候产生一些不必要的麻烦，因为它开的时候会侵入到空间中来。只有在休息的时候它才是关着的。滑动门是对减少空间干扰的一种尝试，通过与墙面平行的平面存在来实现。折叠门是一种更好的方法。通过将门完全隐藏，让它的存在彻底消失。

有了这样一个对比，如果我们想要改变普通铰链门干扰空间的缺点，我们就要进行一些研究，想出一个可行的设计方案，用同样的建造方式，让铰链门可以旋转 180°，这样它就可以靠在墙面上。

下面的图示展现了一个将铰链门打开到一边的一个基本概念，通过将飞铰链变成可以转 180° 的枢轴装置。墙面上的半圆壁柱形成了一个模块化的板式外观。因此当门被打开到一边，就会和墙面融为一体。在这个门的方案中墙面被设计成重复的模块。

图165 购物中心的巨大金属门，一般贴在门上。由作者拍摄

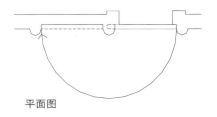

平面图

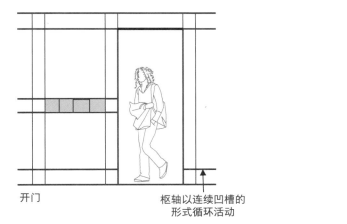

开门

枢轴以连续凹槽的
形式循环活动

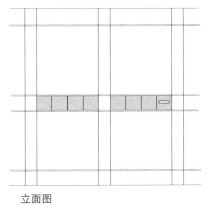

立面图

门把手在一个作为带状物不停
重复的金属板上。

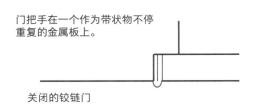

关闭的铰链门

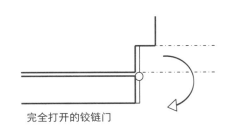

完全打开的铰链门

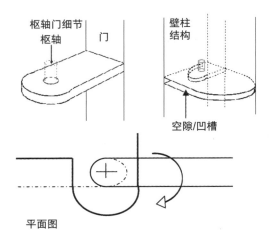

平面图

## 枢轴门细节

每个门有三个枢轴盘，并且在壁柱结构间空隙的枢轴上转动。

## 门道区域

如果我们去研究隔断墙上通往目的区域的一扇门，区域空间被划分为两个部分，分别是内部区域和外部区域：

在这个方案中（下方），创建了一个中立区域，被两边平等的划分。

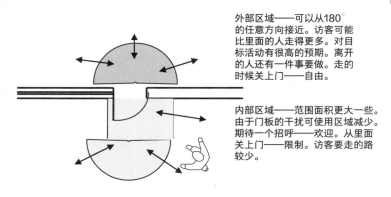

外部区域——可以从180°的任意方向接近。访客可能比里面的人走得更多。对目标活动有很高的预期。离开的人还有一件事要做。走的时候关上门——自由。

内部区域——范围面积更大一些。由于门板的干扰可使用区域减少。期待一个招呼——欢迎。从里面关上门——限制。访客要走的路较少。

如果铰链门是最佳的选择，我们怎样才能改善这种不平衡？

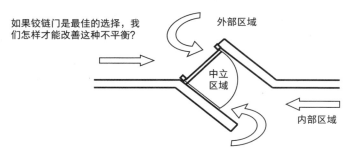

# 常见的空间使用类型

根据人的姿态定义了五种重要的空间类型，不是指室内的类型，如下：

- **流动空间**：包括行走（见"设计理念"）。
- **站立空间**：静止的姿态。
- **就座空间**：安静的休息。
- **工作空间**：可以是上述任何一种加上执行特定的任务。
- **平躺区域**：休息或放松。

设计师需要将人体姿态的需求作为设计决策的需求评估的一部分来考虑。

## 站立空间

正如第2章中提到的，人们所站立行走的地面通常都是水平的，并且一栋楼里可以有很多层。然而，顶棚除了要距离地面有一定的高度以保证人的一些行为活动可以正常进行就没有别的限制了。因此比起墙面和地面，顶棚有更多自由发挥的空间。

站立是一种被动的行为（除了执行一项任务）：

- **等待**——等人，等火车，交付东西，或是等厕所空位。
- **排队**——为了餐点，为了票务，为了交通工具或是服务。
- **游览**——一个展览，画廊，音乐会，体育和休闲活动，或零售展示。

图166 商店街: 游览。由作者拍摄

图167 在机场排队的人们。由作者拍摄

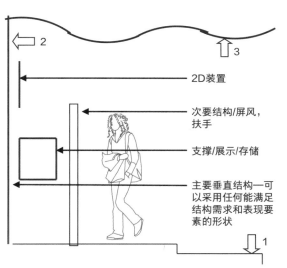

使用级别——磨损
1. 人们为了使用物品和设施时的必要移动会对地面造成磨损。
2. 另一个会对墙面造成很大负担的地方是一些固定装置的嵌固件以及家具和一些人际互动。
3. 对顶棚接触是最小的。

图168 这个图示中包含了所有可能会存在于一个站立的人周围的成分

图169 站在画廊中听广播的观众（格兰道尔住宅）观众可以自由选择站在那里。格兰道尔住宅由安东尼·萨伦伯格（Anthony Sully）设计，格雷厄姆·弗莱克纳尔（Graham Frecknall）担任建筑师，2002。图片:格拉摩根媒体服务 LCSF 大学（Media Services LCSF University of Glamorgan）

### 就座空间

人们为了寻求支撑，坐在各种各样的物体上，通常称作家具。在设计中这些随着发生的活动类型不同而改变。根据场合需要，一个物体可以设计来支撑多个人。就座空间的类型如下：

### 餐点区（图170）

这包括了家用和公共的餐饮空间（在不同群体中）。餐厅和咖啡馆是常见的用餐、休息和会见朋友的地方。不幸的是，车站内的餐点区通常不是很舒适，同时还缺少存放行李的地方。

在历史上，最早我们是坐在地上吃的，到现在一些国家还保留着这样的习惯。所以什么才是第一位的：椅子还是桌子。坐在石头和木头上可能会腐蚀比地面高出一些的表面。交谈的级别和每个人的重要级别会影响座位的安排。

### 商业空间（图171）

这包括了办公室，教育或其他工作环境，可以是单人使用的也可以是团体使用的。办公环境根据客户投入的资金以及业务的类别不同而不同。办公室包括实际工作区域以及外围区域，例如展示、会见、接待以及就餐空间。在办公桌上工作，在茶几旁会见客人，或是等待接见都需要坐着。座位的移动性也是一个重要的因素。

### 等待区域（图172）

这里的等待区域和站立空间中的类似，例如工作地、医院或是诊所为大众提供的接待处。这些地方必须给人带来舒适和安宁的感觉，因为在这些地方人们通常都在焦急地等待未知的结果。提供足够的座位也很重要，就像一些视觉刺激物一样，例如壁画。

### 观赏区（图173）

观赏区适用于一些艺术、体育、休闲和教育的大型演出。观众席的座位很难让人满意，因为设计师要考虑到很多因素：要有一定的舒适度，但又不能太舒适让观众犯困；座位的空间要大，但又不能影响通路；座位的倾斜度必须要保证在座位上能够看到舞台，还要考虑到安全问题。

图170　伦敦地铁站的咖啡馆。由作者拍摄

图171　IBM论坛中心，伦敦。蒂尔尼肖恩设计事务所（Tilney Shane Design），2003年

图172　IBM陈列室，伦敦。奥斯汀史密斯勋爵建筑事务所（Austin Smith Lord Architects）。设计师：安东尼·萨伦伯格，1971年

## 休息区（图 174）

不论是家用的还是休闲设施，休息座位都可以用来放松，阅读，看电视以及交谈。在图 174 中，有很大一片空间来作为休息区，但仍然保留了私人的指定区域。舒适是最重要的因素。

## 旅途座位（图 175）

火车，船，飞机和公交汽车都需要座位来给乘客就座。在图 175 中，有趣的是火车和飞机多么相似。事实上，除了窗户（唯一的区别），这个内部空间和飞机基本相同。固定装置必须要能够承受高强度的磨损，因为这些公共空间都是公开使用的。

## 工作空间

工作空间可能是各种各样的，从公司的办公室到一个教学空间，一个车间/实验室，一间零售店，一间医院，餐馆的准备区，咖啡馆和酒馆，或者一个特殊用途的空间，例如一个售票处，牙科诊所或是手术室。因为有各种各样的活动要进行，因此站着、坐着或是行走都要适用。

## 公司的开放式办公室

这类办公室的规划在第 6 章中有讨论过。图 176 展现了一个更加放松的布局，采用了矩形网格的形式，还有一块休息区域。

图 173　阿波罗维多利亚剧院（Apollo Victoria Theatre）的内部装饰艺术，伦敦。由欧内斯特·瓦姆斯利·刘易斯（Ernest Wamsley Lewis）和 W·E·特伦特（W. E. Trent）设计于 1929 年。图片由作者拍摄。经由阿波罗维多利亚剧院提供

图 174　休息室，格兰道尔住宅。设计师：安东尼·萨伦伯格，2002 年。图片：格拉摩根媒体服务 LCSF 大学（Media Services LCSF University of Glamorgan）

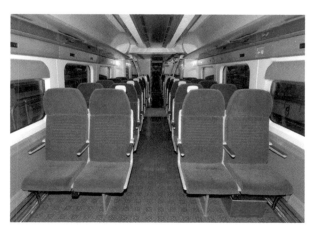

图 175　东南部内陆火车 Class 395 Javelin 车厢内部空间，英国

图 176　英国广播公司商业分支（BBC Worldwide），伦敦。DEGW London，2010 年

## 工厂（图177）

工厂环境的要求非常严格，因为要满足大量的机械和存储需求。因此最重要的工作条件就是使员工保持愉快的心情。

## 医学（图178）

医院的内部空间由医疗需求及健康和安全法规主导。然而，这些都只是设计师通常要考虑的并且设计师要在此基础上提出更好的想法，避免那种不友好的诊所环境。然而，在这种情况下设计师需要有勇气去挑战医院有关部门制定的规则。

## 教育（图179）

教育空间在过去的几年中在通信技术的使用上有了很大的发展。但是在研究／工作室区域电脑的优势越来越明显，这给设计师带来了一个问题：如何在减少流水线产品带来的影响的同时提供个性表现的机会？围合要素既要有助于维持学习经历，也要能够满足电脑的集中使用。

## 餐饮（图180）

商业用厨房像机器一样高效运作，因此需要符合这种需求的设计。这是一个集约的甚至是混乱的工作环境，因此设计需要处理这些问题。

## 零售店（图181）

零售店的设计在业界十分流行，因为它给设计师提供了一定的表现空间——客户和产品的展示。展示是室内空间中一个特殊的分支，并且让设计有了引人注目的施行和解释的机会。

## 平躺区域

考虑到我们一生中睡觉的时间，我们最常见的姿势就是睡觉时的姿势。然而，我们的生活是很复杂的，在一般的学生宿舍里，很少有专门用来睡觉的空间。独自睡觉的空间还存在于监狱（密闭空间，

**图177** 沙芬·博格（Scharffen Berger），巧克力制造商，伯克利，加利福尼亚，2008 年。照片：Andreas Praefcke

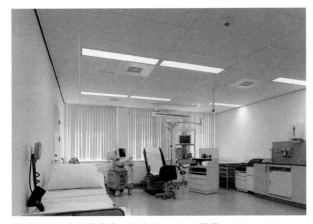

**图178** 专业医院病房。经由 Ecophon 提供

**图179** 计算机房，赫里福德六年级学院，2010 年

图 180　Garners 食品服务设备的商业用厨房，英国

图 181　库尔特·盖格商店（The Kurt Geiger shop），丽晶街，伦敦。Found Associates，2006 年。照片：Hufton and Crow

尽管是为最低限度的生存而设计的）、学生宿舍、青年旅馆和类似的地方。

## 公共机构（图 182 和图 183）

　　双层床一开始用在维多利亚时代的济贫院，军事机构和船舶上，因为在这些地方地面的空间不够。双层床使空间可以容纳的人增加了一倍，这是旅馆和学校对单人床的一种有效转变。

## 住宅 / 商业

　　我们家里卧室的用途越来越多，而不是仅仅用来睡觉了。对许多年轻人来说，卧室还是起居室，有一张桌子，有电视和沙发，可以用来招待朋友。成年人的卧室也会有其他用途，我们需要彻底地反思对家里空间的混合使用。

　　图 184 中的宾馆客房想要通过台灯、墙上的画和奢华的床上用品营造一种高端的感觉。为什么酒店行业不重新审视他们的住宿环境，少一些刻板的东西，多一些真正的设计？落地玻璃窗的设计给人时尚、冷静和勇敢的感觉，但在高层建筑中会让人觉得不安全。人们需要更多的安全感。

图 182　Dormitory 在明斯特和内瑟伯里语法学校（Beaminster and Netherbury Grammar School），20 世纪 50 年代。照片：Lesley Rundle

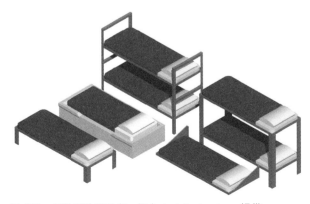

图 183　管教所的双层床。经由 Architechnology 提供

图184 圣大卫的酒店和水疗中心的卧室，加的夫。建筑师：帕特里克·戴维斯（Patrick Davies），1999 年

图185 右侧。太阳伞主卧和浴室，威尼斯，加利福尼亚。布鲁克斯＋斯卡帕建筑事务所（Brooks ＋ Scarpa Architects），2005 年。照片：马文·兰德

图185 中的现代家庭卧室增加了综合沐浴区，与建筑结合在一起，还包含模块化的储存单元和不同的楼层。

## 家具

就像卧室可以既用来睡觉又用来休息，家具的用途也多了起来。在古罗马和古希腊，人们习惯于倚靠在沙发和卧榻上吃东西，就像远东的传统习俗一样；人们还会在上面娱乐和交谈。这类家具，底部是直的，在当今依然深受人们喜爱。在 20 世纪 20 年代，首先被设计出来的家具既不是椅子也不是沙发而是 LC4 躺椅，这也是第一个符合人体工程学的家具设计。当然，有了靠垫靠枕，平沙发可以适应使用者的各种姿势，而 LC4 只允许一个姿势——也许是早期现代主义专横的一种体现。

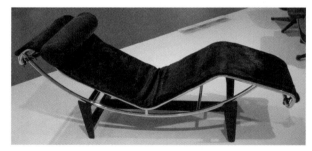

图186 LC4 躺椅由勒·柯布西耶，皮埃尔·让纳雷（Pierre Jeanneret）以及夏洛特·贝里安（Charlotte Perriand）设计于 1928 年，并且被称为"终极放松机"。维基共享资源。作者：Sailko

图187 一个躺卧餐桌——一间带躺椅的古罗马餐厅。维基共享资源。作者：Mattes

# 设计准备

到目前为止，你可以从这本书中学到一个设计师在开始设计之前必须要做的各种准备，从客户的简报和调研，到建筑和环境，人体形态的规划，以及根据理论塑造空间和结构。下一章将开始探索新的内容，希望能给大家带来一些灵感。同时，我们可以得出结论，在现代社会环境中，出现了两个因素：一切皆有可能，以及将功能和综合解决方案结合在一起的必要性。

## 1. 一切皆有可能
### 自由

先把管制程序放在一边，考虑文化和表达的自由简单地说就是可以完全开放的去阐释，并且没有任何规则或是预期的方法。而且也没有任何体裁上的格式，没有其他专横指令。通过创新和尝试，这种自由可以存在于任何艺术形式之中。

### 约束
- 预算
- 政治局面
- 技术限制

### 压力
- 时尚——当前趋势
- 同龄人——设计联谊会可能会很有影响力
- 对传统和大众习惯的打破

## 2. 结合功能的必要性

在处理室内成分的时候仍然有一定的一致性。我们应该将这些成分联系起来考虑，来解放设计的组织过程，解放潜在的生产力。换句话说，通过重叠或合并两个组成部分，可以生成一种全新的成分。依赖当前的标准组件术语已经是老一套的做法。在这一领域中领头的现有产品是浴室家具"套件"，将储物和洗脸台结合在一起。这里的一些案例，探索了其他的可能性。

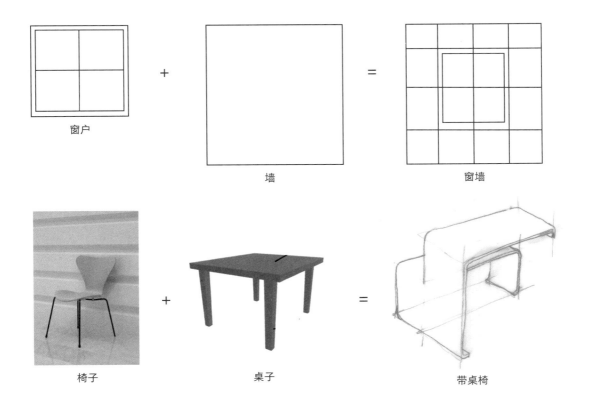

窗户　+　墙　=　窗墙

椅子　+　桌子　=　带桌椅

## 功能结合的案例

**图 188** 混凝土野餐单元——座位和桌子。预浇制

**图 189** Kencot 写字椅，种族家具（Race Furniture）。一个教室用椅/写字台面

**图 190** 高架挂台，设计话语（Word of Design），英国。经由意大利钢狮（Lion Steel）提供。一间更衣室由座椅、存储和悬挂空间组成

倾斜的平台盖——人体工程学上对书写的矫正

放置钢笔和铅笔的凹槽

存放书本的地方

为蘸水笔设计的墨水槽

座椅可以翻上去，因为老师进来的时候同学们需要起立

这件家具功能齐全，耐用而且方便移动。这为现代学校家具提供了更好的解决方案。这也可以做成双人座。

**图 191** 维多利亚英语学校书桌。一个极好的功能结合案例。经由 Trainspotters 提供

### 乔治·尼尔森（George Nelson）[10]

乔治·尼尔森于 20 世纪 50 年代设计了一种储物墙，叫作全方位系统/全面的存储系统。这个系统将墙面/分割面和存储结合在了一起。他使用了挤压铝支柱，运用弹簧安全装置夹在顶棚和地面之间。存储单元本身包含了一系列选项，从开放式的架子到封闭的柜子，还有各种各样的特殊需求以适应室内的各种功能。这是一个革命性的创新并且在布局和供给上给客户提供了很大程度的灵活性。

尼尔森和美国办公室家具龙头赫曼·米勒（Herman Miller）的设计师罗伯特·普洛斯特（Robert Propst）联合起来，于 1965 年设计了行动办公室。普洛斯特为了 1969 年的市场销售继续完善了设计，

图 192 乔治·尼尔森设计的储物墙。经由家具时尚（Furniture Fashion）提供

图 193 赫尔曼米勒行动办公室，1969 年。经由赫尔曼米勒公司（Herman Miller Inc）提供

并且使它成为世界上最灵活的模块化家具，还包含了悬挂储存单元、架子和工作台面。这个系统能够有机地应对各种规模的公司。它还能够和开放式公司的 Bürolandschaft 系统相适宜，正如第 6 章中提到的。

### 工业

滑动，折叠分区为空间的完整划分提供了可能性；也可以折叠起来将空间重新合为一个。而且，还可以部分折叠形成一个门。

图 194 可移动墙面 200 型，切斯顿，英国

### 多用途

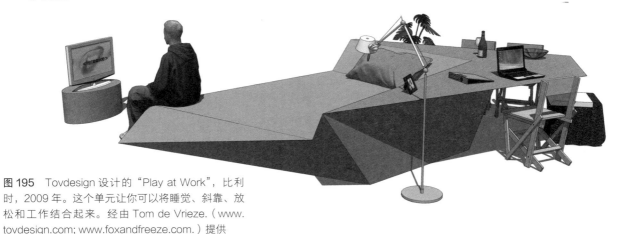

图 195 Tovdesign 设计的 "Play at Work"，比利时，2009 年。这个单元让你可以将睡觉、斜靠、放松和工作结合起来。经由 Tom de Vrieze.（www.tovdesign.com; www.foxandfreeze.com.）提供

图 196 和图 197　18 世纪中期的变形椅：既是座椅也是台阶。由伦敦 Butchoff Antiques 提供

## 变形家具

通过研究将传统功能结合起来创造出全新的解决方案的可能性，我们得到了变形家具这种特别的类型。"变形的"这个词（来自一个希腊词汇，意思是一个成分或结构上发生变化的物体）适用于那些形态上发生改变以获得两种功能的家具。当代出现的一些案例，例如沙发床、高脚椅，以及可以改变外形来适应不同功能的桌子。自从 17 世纪以来，历史上也出现了一些例子，例如一个嵌有抽屉的柜子还结合了书柜和写字台。上面插图中的椅子是用于图书馆中的，可以用作梯子，来拿一些够不着的东西，这样椅子就转换成了台阶。而且这两种用途也绝不可能发生冲突。

另一个实用的转换是从 18 世纪末和 19 世纪初出现的有靠背的长椅或长凳 / 桌子的结合。当靠背是垂直的时候，它包含并传导了来自壁炉的热量而且还有通风遮蔽，铰链式的靠背成了一个桌面。

## 回顾

这一章十分关键，在这一章中，我们解释了一个设计师是怎样从构思和分析到实现最终方案的。构思通过草图发展起来。对形态和颜色发展的理解以及对材料和机构的认识。在一个平面图中轴向规划是必需的。对不同成分形态和空间二元性的处理需要民主的判断。解决人员流通的门、开口、门道、楼梯和走廊都需要得到比当前更多的关注。这里有更大的设计空间。

# 第8章 对准则的探索

没有了准则，现代建筑语言要怎样被广泛地使用？[1]

布鲁诺·塞维（Bruno Zevi）

## 关于本章

这一章有两个部分。第一部分研究了古典主义的起源，然后通过对一些关键的设计师以及他们代表作的分析，探索了这样的风格为什么会形成，又是怎样被建立起来的。之所以会选择这些设计师是因为他们创作了一些具有原始特性和风格的作品，他们的作品影响了整个室内设计的特点。这刚好引出了第二部分，这一部分以一个问题作为开头："我们现在处于哪？"，这是因为有时候设计看起来迷失了方向并且受到了太多来自商业或是社会政治的约束。计算机辅助设计（CAD）开启了一个全新的世界，带来了更多的方案，尽管这些方案会缺乏整体性和美感。第二部分继续通过挑战现有的趋势，并且提出了新的探索方向，室内空间怎样才能够做到前所未有的群组化和网格化。希望能够通过这些探索重振这门专业，并且促进这门专业的延续。

字典中对规范的定义是："已制定的规则或标准，一个规章制度的系统。"为什么要探索规范？它们究竟是什么？我们真的需要它们吗？这一章中将参照历史给出解释，首先，这些规范（"风格"这个词通常会被用到，但却有着更深的含义）是否被作为一种表达结构的方法创造出来，然后是装饰，使人们与他们所处的世界相统一，正如原始洞穴壁画或是古埃及的象形文字艺术中所示的那样。渐渐地，这些规范形成了一个特定空间形态和功能上的标准。在整个历史上，全球贸易交流催生了一种需求，表达这种新建立资源，并且拥有财富的人更加希望来表达这些：因此，室内设计变得更加复杂起来。

历史主要的事件，发明发现以及那些带来了重大影响的艺术家和设计师对当代的风格都会有所影响。因此规范和术语的使用从中世纪开始渐渐统一起来——直到现代主义的突然出现，将传统一扫而空。同时设计的范围也得到扩大，这本书中有许多言论，警示我们不能背离我们的历史文化。也许是时候对设计界进行重新评价？

## 8.1 过去：古典主义的起源

在一个对过去设计风格的调查中，从 16 世纪往前，有着这样几位设计师因为它们作品的独创性和他们所作出的贡献而出名。接下来这一章将分析他们的作品并且对他们的设计内容（规范）作出了概括。他们都继承了埃及、亚述、希腊和罗马时代的古典传统，但又做出了他们自己的解读，建立了设计的新规范。

公元前 4000 年左右，埃及文明发展出一种梁柱式建筑，从莲花、莲花蕾、羽毛、棕榈叶和芦苇中提取图案（见第 2 章，"元素 8：装饰"）。昆兰·特里[2]（Quinlan Terry）对希腊和罗马古典柱形的起源作出了讨论，作为人类利用自然材料的结果，例如将棕榈树砍断然后打入地面，来做一个标杆，之后上面还会长出新芽。这种对大自然的参照后来被正式应用到柱子的建设中。对绳索、原木、公羊角和其他材料的运用很快使我们现在所知道的多利克柱式、爱奥尼克柱式和科林斯柱式得到进一步发展。最早的梁柱设计是在伊朗国王大流士的陵墓中，不过作为岩石的雕刻与梁柱设计只是有些相似。

下面的简图说明了古典柱形施工方法背后所蕴含的基本民族精神：对运动中的力量作出解释，解释了人类挑战自然本身结构的能力，并且对人类的力量作出证明。垂直的柱子正好与垂直的人体形态相匹配。

传统骨架结构设计的基础

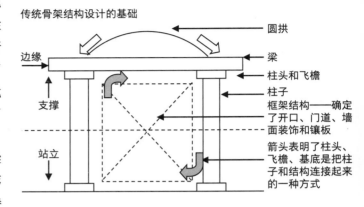

- 圆拱
- 梁
- 柱头和飞檐
- 柱子
- 框架结构——确定了开口、门道、墙面装饰和镶板
- 箭头表明了柱头、飞檐、基底是把柱子和结构连接起来的一种方式

边缘　支撑　站立

### 人类头部的视觉特性是否是古典式柱形的灵感来源？

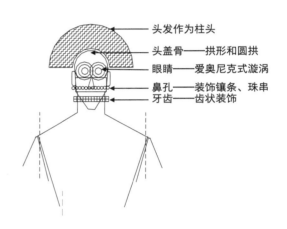

- 头发作为柱头
- 头盖骨——拱形和圆拱
- 眼睛——爱奥尼克式漩涡
- 鼻孔——装饰镶条、珠串
- 牙齿——齿状装饰

在漫长的时代更替中，人类通过自己发明创造的能力对古典建筑形态作出了系统的解释。这里依然要引用厄恩斯特·马赫（Ernst Mach）[3] 1895 年 10 月在维也纳大学讲座"偶然在创造和发明中扮演的角色"

在早期阶段的文明中，主要的发明，包括语言，文字，货币以及其他的一些，都不是深思熟虑的产物，因为除了这些东西的实用价值，人们不知道他们还有什么价值和意义……但是假定最重要的创造使是人们偶然注意到的，并且是超出他们预想的，然而仅仅是偶然也是不足以完成一个发明的……他必须要能辨别出新的功能，并在记忆中留下深刻的

**图 198** 大流士（约公元前 550—前 486 年）的石窟陵墓。位于波斯的波斯波利斯附近

- 对图形的重复创造了一个装饰雕带
- 齿状装饰
- 用有角的动物造型来作柱头

印象，然后与他其他的想法结合起来，总之，他必须学会运用自己的经验。

在这里对规范的定义是原则的一种形式，规定了形态和装饰的框架，并确定为一种风格。从文艺复兴开始，有一些设计师带来重大改变，他们在室内设计上拥有自己规范，更加倾向于国内范围的设计：罗伯特·亚当（Robert Adam），约翰·索恩爵士（Sir John Soane），威廉·莫里斯（William Morris），查理斯·雷尼·麦金托什，约瑟夫·霍夫曼（Josef Hoffmann），弗兰克·劳埃德·赖特，格里特·里特维尔德（Gerrit Rietveld），查尔斯和雷·埃姆斯（Charles and Rae Eames），卡罗·斯卡帕（Carlo Scarpa），伊娃·吉里克纳（Eva Jiřičná），安藤忠雄以及恩瑞克·米拉莱斯（Enric Miralles）。

## 罗伯特·亚当 [4]

罗伯特·亚当（Robert Adam）的书：《建筑作品》（1773年），试图将他独创的绘画风格（有着简单的几何学基础）与过去几乎直接使用自然资源的如画美学风格联系起来。主导了他接下来20年的实践。通过融入古典主题的优雅变化风格，他将建筑中流行的巴拉迪欧风格进行了改造。他发展了一种综合室内空间的概念，将墙、天花板、地板、五金用具、家具都按照一个方案来设计。他的规则——我们应该称作规范——在他的书中都有解释，包括了结构和装饰详细的图解，是他所参与的所有建筑的一本指南书。正如过去的古典装饰那样，他在设计中使用了动物、贝壳、蜘蛛网、翅膀、花卉、月桂和叶形装饰、莎草纸、莲花和金银花（花状平纹）。装饰线条和其他图案的设计使用了花纹装饰、齿状装饰、卵箭饰、圆环、凹形边饰、波状涡纹、玫瑰纹饰、叶状镖饰、瓦檐饰、鹰头狮、回纹饰、绳子和羽毛、圆珠以及半圆饰。带褶皱的帘子、缎带或是罐子里的月桂叶也是不变的特点。门廊、窗户、镜子以及壁炉成为关注的焦点。

**图199** 大厅，赛昂宫（Syon House），布伦特福德，罗伯特·亚当（Robert Adam），1762年。可以看到地板的图案与天花板相呼应。盖蒂图片社

**图200** 赛昂宫（Syon House），装饰细节。盖蒂图片社

图201 伦敦格罗夫纳广场（Grosvenor Square）上德比住宅的细节。罗伯特·亚当（Robert Adam），1777年。维基百科

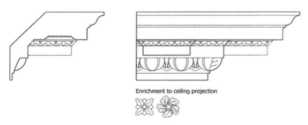

Enrichment to ceiling projection

图202 门廊的顶棚线脚，海奇兰公园（Hatchlands Park），吉尔福德，东克兰顿（East Clandon），罗卜特·亚当，18世纪50年代

图203 德比住宅的细节图，伦敦格罗夫纳广场

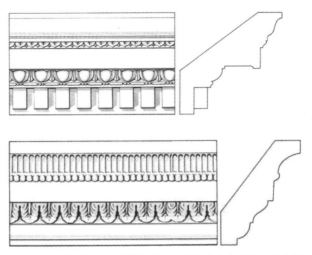

图204 亚当飞檐设计的其他案例。装饰线条由诺维奇的史蒂文生（Stevenson）提供

## 对图形的重复增加了丰富性

亚当对几何学的使用是多变的但十分有序，除了对图形的正常重复，他还会连续地减少某个形状，就像罗马人那样，为了装饰半圆穹顶，例如赛恩别墅（SYON HOUSE）的门厅。一定要记住在古典建筑中柱子的序列占有主要的支配地位，这是因为它们不仅仅是装饰更是重要的结构特征。当它们以壁柱的形式出现，它们就变成非结构化的，作为一种浮雕装饰，同时也被用在家具上。从出现开始它们被当作一种普通的建筑语言使用。下面是亚当使用的一些二维形状，作为区分表面区域的一种基础，然后会被覆上华丽的边界和填充。这是有关框架和连接两个平面的设计：

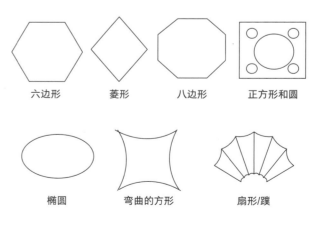

六边形　　菱形　　八边形　　正方形和圆

椭圆　　弯曲的方形　　扇形/蹼

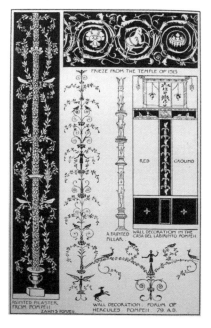

图205　左侧，出自理查德·格莱齐尔编写的《古典装饰指南》（伦敦：Batsford，1899年），P.8，庞贝城

图206　上方，出自理查德·格莱齐尔编写的《古典装饰指南》（伦敦：Batsford，1899年），P.28

上面的两张插图展示了罗马人的装饰，这正是亚当灵感的来源。

你可以从格莱齐尔（Glazier）对庞贝城[5]装饰的图解中看出罗马风格的装饰正是亚当松垂和叶子的图案来源。嵌入墙的立面图显示出了恰到好处的宽敞和高雅，亚当在追求"框架"技术的同时也没有忘记台高边缘。

到我们现在所看到的为止，一个设计风格的发展是以一种建筑和制造的方法为开端，然后经过时间的洗礼，逐渐成为一种建筑式样，之后通过不同时代之间的比较被定义为一种风格。

# 约翰·索恩爵士[6]

约翰·索恩爵士（Sir John Soane）是英国最具独创性的设计师之一。他在林肯银河广场13号（现在是约翰·索恩爵士博物馆）所做的设计，带给了人们一个全新的感受。他对空间、光线和反光空间创造性地运用，令人惊奇。细木元素的使用创造出了一个完全和谐的环境空间。他的作品以干净的线条，简单形式的大量使用，决定性的细节，考究的比例大小，光源的熟练运用为特征。在林肯酒店领域餐厅中，这种浓厚的庞贝红带是一种仿古的运用，给他的许多客户都留下了深刻的印象。

索恩惊人而又具有独创性的设计作品，图片中的房间是一个很好的例子。建于1824年，这个房间的墙上都有三折的铰链板，可以展开来，进一步展示绘画作品。这个创造性的设计可以让一个只有4.1m×3.75m（13ft8in×12ft4in）小的空间有能力容纳比这大两倍的画廊里能放下的作品。不同形状大小的镜面（平面和凸面）也在索恩的这个空间处理中扮演着至关重要的角色，它们使空间看上去更加宽敞。

图208　图书馆的餐厅。经由约翰·索恩爵士博物馆（Sir John Soane's Museum）的管理委员会提供

图207 早餐室，约翰·索恩爵士博物馆，伦敦。约翰·索恩爵士，1812。经由约翰·索恩爵士博物馆（Sir John Soane's Museum）的管理委员会提供

下图：帆圆顶示意图。

在一楼更为明显，房间中的这些镜面创造了两倍或是更多的空间，同时也将额外的外部空间增加到房间里来。例如，在餐厅中，窗户附近的镜子中反射了纪念碑法院的景象，而在图书馆中镜面被用在壁龛上来制造一种空间被延伸的错觉。这些镜面还可以让展览品从多种角度被看到，同时有助于扩散和引导光线。花窗玻璃和彩色玻璃的使用创造出了充满活力的色彩，营造了适当的氛围。例如，单坡屋顶上的黄色玻璃以及三角形的天窗覆盖在圆顶上，制造了温暖、浪漫的光线，与昏暗阴森的地下室形成鲜明的对比。

早餐室的方形平面图被覆以一个帆型的圆顶，没有了普通圆顶基础的圆环。但通过从中心八角形的灯向四周辐射的线条使尖端的平圆拱上的圆十分明显。

在餐厅中，完成了对空间的创新性分割，通过使用两个镶框的帐篷，弯曲成阿拉伯风格的样式。在这些的后面是一条镜子，给人一种凹槽的错觉。

# 威廉·莫里斯[7]与艺术和工艺品运动

在这里提到威廉·莫里斯（William Morris）并不是因为他创造了室内设计的"莫里斯风格"，而是因为他推动了一场重要的运动，促进了艺术品和工艺品的发展，从建筑的设计到家具和工艺品的设计，以一种真实的方式，忠于工艺技能。（然而，他的墙纸设计用的时候确实看上去很"莫里斯"。）舒适的"小屋"风格很快在设计师中变得流行起来，例如英国的沃伊齐和美国的格林兄弟。这场运动的其他支持者——工艺美术运动——马克穆多（Mackmurdo），克拉克·H·富勒（H. Fuller Clark），威廉姆·瑟比（William Lethaby），E·W·戈德温（E. W. Godwin），爱德华·普里奥尔（Edward Prior），吉·道伯（Guy Dawber）

查尔斯·霍顿（Charles Holden），C·H·汤森（C. H. Townsend），伦纳德·斯托克斯（Leonard Stokes）。

黑修士酒吧是1905年由一个维多利亚中期的办公建筑改建而来。直到16世纪这里都有一个多明我会修道院，然后是一个剧院，最终在1666年的伦敦大火中被烧毁。这个酒吧中摆满了艺术品和工艺品，例如亨利·普尔（Henry Poole）的青铜雕带，五彩缤纷的大理石墙面装饰和吧台，马赛克拼贴，看上去很滑稽的僧侣青铜浮雕，还有一些装饰，例如精心制作的以小丑结尾的火篮。在门上面，还有一个装饰带，上面写着一些充满智慧的座右铭，例如"装饰是愚蠢的"，"不要靠广告，而应该靠人们的口耳相传"，"匆忙是缓慢的"，"工业是一切"。

**图 209** 黑衣修士酒吧，维多利亚女王街道，伦敦
克拉克·H·富勒，1905 年。图片：杰奎琳·班纳吉博士。来源：
www.victorianweb.org/art/architecture/pubs

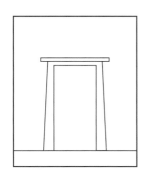

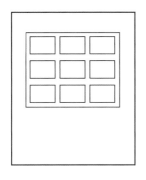
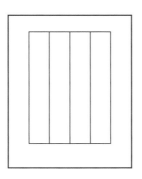

这个时期将木头作为主要的材料，主要的特点是：锥形楣梁、拱形（有时也用砖和石头）、框架——镶板和横梁、宽板镶板以及各种比例恰当的窗户。这与对轨道和护壁的运用一样。拱形会使用于门口、壁炉、窗户或是对空间的划分上。工艺美术运动与真正的有机新艺术涌动相重叠。

## 新艺术运动

比利时设计师维克多·奥塔（Victor Horta）（1861–1947 年）最出名的作品之一就是索尔住宅（Tassel House）（1892–1893 年）（见图 102，第 6 章）。奥塔是新艺术运动（Art Nouveau Movement）的发起成员之一，并且也有其他的收入，但随着时间的流逝，并且由于之后的一战造成的财政紧缩，他简化了风格。这场运动中充满了神秘主义的意向以及浪漫主义的想法。正如马里奥·安马亚（Mario Amaya）在他的书中对新艺术的陈述：

通常提到在世纪交替时出现的装饰物体，或是自由流畅的或是有机形态的，基于一些植物的抽象、线性的、涡旋的、果断的图案，通过跳跃起伏，有节奏的设计，掩盖了整个表面或结构。这种令人感到焦躁不安，具有一定煽动性的线条展现出了一种强健有力的表达效果，不仅体现出物体的形状，还用一种不同寻常、出乎意料的方式对物体进行补充。

通过进一步的观察，天花板的边界以及飞檐，墙面的框架和镶板，拱门以及门道，还有家具，都遵照着以前的传统，但也有机地融入了一些旋转曲线，打破了单个物体的边界和重复。奥尔塔灵感的来源包括植物、动物、水中的漩涡、烟雾以及人的头发。

**图 210** 对杰罗姆·杜塞（Jerome Doucet）住宅的研究，克拉马尔，法国，1902 年。由作者绘制

图 211 威廉·布莱克（William Blake）（1757–1827 年），人类救世主基督（Christ as the Redeemer of Man）从约翰·弥尔顿（John Milton）的史诗失乐园中获取灵感。图片经由 China Toperfect Co. Ltd 提供

图 212 戈尔·葛雷柯（El Greco），拉奥孔（Laocoön），1610。维基共享资源。艾尔·葛雷柯（1541–1614 年）是一位希腊出身的西班牙画家

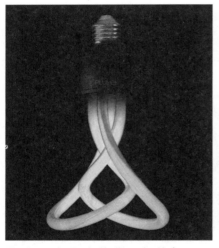

图 213 由尼古拉斯·鲁普（Nicolas Roope）和豪格（Hulger）设计公司设计的的普流明（Plumen）节能灯泡。图片：安德鲁·彭克斯（Andrew Penketh）

图 214 树根。图片：乔纳森·斯诺曼（Jonathan Sloman）

　　毫无疑问的是，树根是这场运动带来的众多影响之一。正如弗兰克·劳埃德·赖特那样，许多设计师将自然资源几何化，融入建筑中去。早期那些有远见的人如英国的画家、诗人威廉·布莱克（Wlliam Blake），他从一个具有类似扩张的流动感和异常流畅的韵律，以及不对称性的封闭图形中预感到了新艺术运动的到来。当威廉·布莱克 20 岁的时候，艾尔·葛雷柯（El Greco）已经去世 160 年了，正如图 212 中可以看到的那样，他也同样在他的瘦长人体形式和旋转元素中体现出了新艺术派的一些特征。图 213 中的现代灯泡验证了现代技术的发展已经超越了人们的预期，并且这样的造型还达到了一种视觉上的美观，与新艺术联系在了一起。更多与新艺术运动有关的内容见第 6 章。

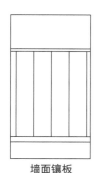
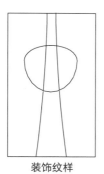
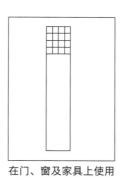
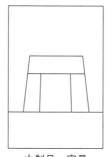

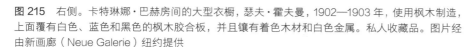

墙面镶板　　　装饰纹样　　　在门、窗及家具上使用　　　木制品，家具

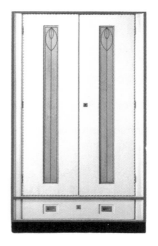

**图 215**　右侧。卡特琳娜·巴赫房间的大型衣橱，瑟夫·霍夫曼，1902—1903 年，使用枫木制造，上面覆有白色、蓝色和黑色的枫木胶合板，并且镶有着色木材和白色金属。私人收藏品。图片经由新画廊（Neue Galerie）纽约提供

# 查尔斯·兰尼·麦金托什[9]和约瑟夫·霍夫曼

我们现在之所以要挑出这些设计师，是因为他们独特的风格和巨大的影响，还有他们杰出的创造力和技术。查尔斯·兰尼·麦金托什（Charles Rennie Mackintosh）（1868–1928 年）主要从事建筑、室内以及家具的设计（案例见第 6 章）。约瑟夫·霍夫曼（Josef Hoffmann）（1870–1956 年）有一定的建筑学背景，但当他设计室内、家具以及玻璃制品成名以后，却被归到了艺术家的范畴里。他们独特的风格都在工艺美术运动和新艺术运动的众多风格中脱颖而出。他们合作的作品的主要特点就是墙上的镶板，门窗和家具上的装饰图案，以及对木材工艺的运用。麦金托什的墙面镶板由比墙角线稍微薄一些的宽板组成，上面还有用来挂画的轨道。相较于其他的新艺术派设计，弯曲的图案更容易受到限制，并且被包含在了框架和可控的重复之中。

霍夫曼的家具、产品和室内设计通过整齐的组合排列，对方形图案的重复以及对装饰纹样的捕捉对现代主义运动作出了巨大贡献。家具与闭合墙面的融合与过去的风格形成对比。与表面相比边界和框架的表现力要弱了很多。库布斯沙发运用了重复的方形设计，正如他的金属作品一样。

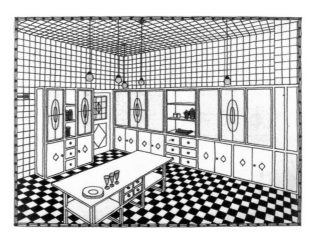

**图 216**　选自布鲁塞尔的斯托克雷特宫（Stoclet Palace）的厨房。蓝图来自约瑟夫·霍夫曼工作室，1905–1910 年，盖蒂图片社

**图 217**　库布斯沙发（Kubus Sofa）。约瑟夫·霍夫曼，1910 年。原作复制品。经由 Blue Suntree 提供

# 弗兰克·劳埃德·赖特 [10]

## 现代主义运动的开始

赖特的灵感来自于19世纪的一些作品,例如欧文·琼斯(Owen Jones)[11] 所著的《装饰语法》(Grammar of Ornament)(1856年),维欧勒·勒·杜克(Eugène Emmanuel Viollet-le-Duc)[12] 所著的《建筑论述》(Discourses on Architecture)(1875年),以及克里斯托弗·德莱塞(Christopher Dresser)[13] 所著的《装饰设计的原则》(Principles of Decorative Designs)(1873年)。赖特的建筑都具有一种有机的特点,正如他著名的霍利霍克别墅中所显示的那样,包含着对自然形态的几何学解释。

图220 霍利霍克别墅(Hollyhock House),洛杉矶,加利福尼亚州,美国。弗兰克·劳埃德·赖特,1919-1921年。图片:拉里·昂德希尔(Larry Underhill)

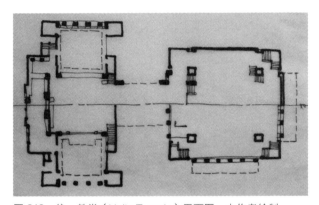

图218 统一教堂(Unity Temple)平面图。由作者绘制

在下图中展示统一教堂的室内设计中空间和墙面互相影响互相补充,因此在空间的规划和使用中展现出一种全新的自由感。赖特依然热衷于确保墙面的连续性,通过对框架和线条的定义,造就了新艺术风格的复杂的连通性。他设计的草原风格房子对空间进行了扩展,与外部的环境相协调,并且通过平面的交叠对水平线进行了强调。

霍利霍克别墅中典型的方形与统一教堂的平面图有着微妙的联系,两者都对角落里、窗户以及室内承重柱之间的方形进行了重复。并且两者都有一个中心对称轴。

## 特点总结

图219 统一教堂,橡树园(Oak Park),伊利诺伊州。弗兰克·劳埃德·赖特,1906年。盖蒂图片社

这概括了赖特作品的整体关联性

# 格里特·里特维尔德 [14]

格里特·里特维尔德（Gerrit Rietveld）与特奥·范·杜斯堡（Theo van Doesburg）一样都是荷兰风格派的领导人物，（见第 6 章）他们有着纯粹的理想，并且一心一意地忠于他们的设计哲学。

里特维尔德设计的施罗德住宅有一个很平常的底层，但顶层确实不同寻常。没有了固定的墙壁，反而使用可以滑动的墙面来制造一个可变的生活空间。整个设计就像是一个 3D 版本的蒙特里安式绘画：里特维尔德将线性元素的表达与基础色彩相结合，并用黑色的装置连接起来。红蓝椅是一个令人惊叹的设计，并且它还被拿来和这个时代生产的任何东西相比较。它强烈地表现出了一种设计理念，这种理念在今天依然受到人们称赞。有趣的是交叉框架受到了日本建筑的影响。它被评论为坐上去最不舒服的椅子！但这真是很多设计的真实情况，并且它们应该被人们所接纳，因为它们的制造者制造商对设计思考作出了贡献。

图 223 中所展示的餐具橱的原作由 E·W·古德温设计于 1867 年，为了他自己。这体现了 19 世纪 60、70 年代，日本的艺术和设计对英国装饰艺术的影响。尽管它与里特维尔德的椅子相差了 50 年，它们看上去依然十分相配。

## 特点总结

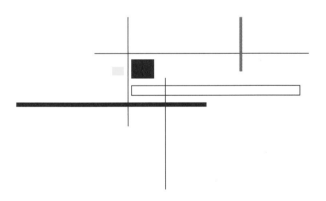

**图 221** 施罗德住宅（Schröder House），乌特勒支。格里特·里特维尔德（Gerrit Rietveld），1924 年。维基共享资源。图片：Hay Kranen

**图 222** 红蓝椅。格里特·里特维尔德，1917 年。维基共享资源。图片：艾利·华尔曼（Elly Waterman）

**图 223** （远右侧）E·W·古德温设计的餐具柜，1867 年。图片经由伦敦维多利亚和阿尔伯特博物馆（Victoria and Albert Museum）提供

# 查尔斯和蕾·伊姆斯[15]

在家具设计中，查尔斯·伊姆斯（Charles Eames）尝试了胶合板制品的塑造，同时还尝试了玻璃钢以及塑料树脂（椅子）和金属（为赫尔曼·米勒制作了钢丝网椅）。

伊姆斯为自己设计的伊姆斯住宅（Eames house）是一个钢结构建筑，使用了可滑动的墙和窗户。采用了便宜、简便的设计，5 个工人花费 16 个小时就造好了钢壳，然后一个人花了三天就建好了屋顶板。宽敞、明亮、全能，这栋色彩生动的房子被设计史学家

图 224 伊姆斯住宅（the Eames House），洛杉矶，美国。查尔斯和蕾·伊姆斯（Ray Eames），1949。经由埃里克威特曼提供

图 225 塑料椅。查尔斯和蕾·伊姆斯，1948。经由维特拉提供

帕特·柯卡姆（Pat Kirkham）称为是看上去像"放在洛杉矶牧场的蒙德里安式作品"。这种风格延续了第 6 章中提到的密斯·凡·德·罗（Mies van der Rohe）的作品风格——这种风格被称为"密斯"，这种风格是非常方方正正的，并且使用了钢和玻璃结构。

伊姆斯设计的塑料手扶椅于 1948 年首次出现在纽约现代艺术博物馆的"低成本家居设计"竞赛中。这是第一个批量生产的椅子，由玻璃纤维增强塑料制造，并且由赫尔曼·米勒和维特拉（Vitra）公司一直生产到 1989 年。

## 特点总结

|  |  |  |  |  |
|---|---|---|---|---|
|  |  |  |  |  |
|  |  |  |  |  |
|  |  |  |  |  |

# 卡罗·斯卡帕[16]

卡罗·斯卡帕（Carlo Scarpa）被认为是 20 世纪最重要的建筑师之一。他作为一个艺术家最重要的成长经历是在威尼斯，在那里，他是艺术家和知识分子圈子里的一分子，与威尼斯双年展和美术学院（佛罗伦萨美术学院 Accademia di Belle Arti）都有联系，并于 1926 年取得了建筑绘图的教授学位。

斯卡帕的作品在今天依然很有影响，因为他对各种材质独创性的运用，例如混凝土、大理石、金属和其他天然材料。他对分层、台阶形式、悬臂结构，以及与纯粹整齐的几何结构相联系的壁龛等的想法似乎与意大利的古典传统架构相联系。上面图片中的楼梯间会给人眼前一亮的感觉，但是这个设计只考虑到了我们爬楼梯的问题。图 228 中的罗马圣吉米尼亚诺的教堂体现了中世纪意大利建筑对斯卡帕的一些影响。这个建筑的特色和细节在斯卡帕的设计中都有所体现。

图 226（上） 意大利维罗纳古堡博物馆（Museo di Castelvecchio）的楼梯，1956-1964 年。图片经由 Seier and Seier 提供

图 227（右） 意大利维罗纳古堡博物馆里的壁灯，1956-1964 年。图片经由 Seier and Seier 提供

图 228　罗马圣吉米尼亚诺的教堂。贾科莫·迪·彼得拉桑塔，1483 年。图片中显示了台阶、凹槽、线性框架以及光滑的表面。维基共享资源。作者：Lalupa。

## 特点总结

# 伊娃·杰里娜 [17]

　　伊娃·杰里娜（Eva Jiřičná）最出名的应该是她的商店设计，还有夜店设计。杰里娜的特点就是以高科技建筑风格将普通的商店转变成展示奢侈品和服装的高档场所。[18] 她是首先将玻璃当作建筑材料来使用的人之一。这在一定程度上是因为玻璃改善了商店内的日光照射情况，但她还充分利用了潜在的惊喜和快乐。消费者发现他们走在透明的楼梯踏板上，由类似不锈钢丝的东西支撑着，而由于光线的反射这几乎看不见。

图 229　伦敦的威廉和朱迪思·博林格珠宝画廊。伊娃·杰里娜（Eva Jiřičná），2009 年。经由维多利亚和阿尔伯特博物馆提供

## 特点总结

## 安藤忠雄[19]

安藤的作品继承了野兽派建筑风格，伴随着勒·柯布西耶以及英国建筑师艾莉森和彼得·史密森等人的作品出现。野兽派建筑风格于20世纪50年代兴起。这种风格的理念就是直接将混凝土以及其他结构材料裸露在外面，不使用任何覆盖层或者材料。 安藤完美地让建筑变得平滑优美，通常有着复杂的三维循环路径。这些路径交织在室内和室外空间之间，并且在它们之间形成大规模的几何图形。他巧妙地处理了光与影，固体和空虚，打开和关闭。

**图230** Akka商业街廊( Galleria Akka )，大阪，日本。安藤忠雄，1988年。经由 Thomas A. Kronig 提供

### 特点总结

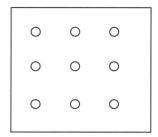

## 恩里克·米拉列斯[20]

恩里克·米拉列斯（Enric Miralles）设计的苏格兰议会大厦（the Scottish Parliament）表现出了钢的力量和优雅。 在这各建筑能看到一些马赛克断裂层，中间有典型的覆盖层开口和接入点。他对苏格兰传统和历史的阐释十分具有个人风格也很有诗意。正如弗兰克·劳埃德·赖特和阿纳·雅各布森一样，米拉列斯也总是会在设计时顾及室内家具的细节。室内和室外在视觉效果上有很大的联系，这是因为形式和结构的动态是共通的。

**图231** 辩论厅，苏格兰议会大厦，霍利鲁德，爱丁堡。恩里克·米拉列斯，1999-2004年。盖蒂图片社

### 特点总结

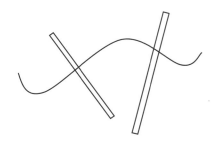

## 8.2  我们现在处于哪里？

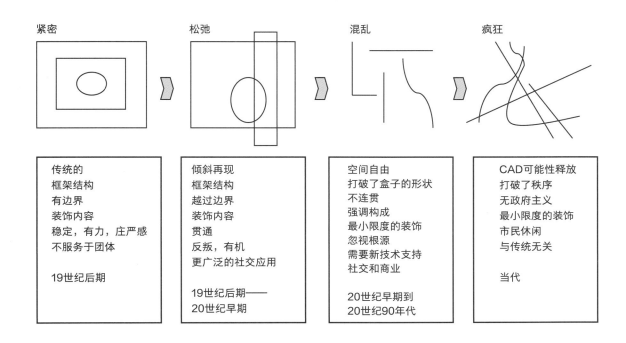

| 紧密 | 松弛 | 混乱 | 疯狂 |
|---|---|---|---|
| 传统的<br>框架结构<br>有边界<br>装饰内容<br>稳定，有力，庄严感<br>不服务于团体<br><br>19世纪后期 | 倾斜再现<br>框架结构<br>越过边界<br>装饰内容<br>贯通<br>反叛，有机<br>更广泛的社交应用<br><br>19世纪后期——<br>20世纪早期 | 空间自由<br>打破了盒子的形状<br>不连贯<br>强调构成<br>最小限度的装饰<br>忽视根源<br>需要新技术支持<br>社交和商业<br><br>20世纪早期到<br>20世纪90年代 | CAD可能性释放<br>打破了秩序<br>无政府主义<br>最小限度的装饰<br>市民休闲<br>与传统无关<br><br>当代 |

让我们回顾不同时代的基本设计规则，这些规则是通过对基础概念的简单分析产生的。在这样一个过程中一共有四个阶段：紧密、松弛、混乱、疯狂，直到像今天这样使用 CAD 的阶段（见下面的一节"疯狂"）。但这并不适用于装饰内容的改变，因为装饰内容的灵感不仅来自大自然、生物和人类本身，还有一些纯粹的几何图形。

## 疯狂

在这里"疯狂"代表着一种警告，如果对新世界带来的影响关注不够，我们就可能会面对一些不愉快的情况——这并不是指环保问题。这听起来可能过于守旧，但这却是最重要的，当今的设计师无论是在设计什么，都应该去关注他们所处的环境，并且向过去学习。

现在的设计界崇尚自由和创新。正如上面的图片中所体现的那样，"历史是无关紧要的"。因此当我们面前出现了令人兴奋的新可能性时，我们也进入了一个脆弱的阶段，容易遭到滥用或被一些错误的理由误导。这些都已得到证实，我们的城市规划解决不了交通问题；许多20世纪50年代和60年代的居住区因为变成了社会灾害而被拆除；然后又建不出新的城市，例如英国白金汉郡的米尔顿凯恩斯。我们所熟悉的那些可以被称作是美的建筑和设计，正在被世界的新秩序所侵蚀，改变了那些看法。在概念上美通常和视觉、物体、地方以及使人们愉悦的感觉联系在一起。而丑通常和那些使我们想起一些我们不希望存在于现实生活中的部分，例如天灾人祸或者恐怖的事物。不幸的是，媒体迫使我们每天面对这样的事件。然而，这两种概念都会被用在一些艺术创新上，创作各种艺术形式和创意产业的作品，而好的作品才会受到热烈的欢迎。让我们来看看一些不怎么样的想法。

图 232　在战争中毁坏的建筑。盖蒂图片社

图 233　地震中毁坏的建筑。盖蒂图片社

## 剃头和纹身

剃头成为一种时尚是在 20 世纪 60 年代，并且当时还产生了光头亚文化。这种时尚具有十分明显的叛逆性，现在这种时尚还具有了一定的侵略性并且还具有极端的民族主义。对于二战中那些关押在纳粹集中营的犯人来说，剃头是一种侮辱。剃头能成为一种流行趋势其实是件很神奇的事，因为从后面会看到椎骨和头盖骨衔接的地方，因此头盖骨从后面看并不是很好看。纹身（Tattooing），最初是在部队或监狱中所使用的一种指标，而现在成为一种时尚。阿道夫·路斯（Adolf Loos）[21]曾经这样说："纹身是堕落的象征，只有罪犯和堕落的贵族才会使用。"由于纹身更多的时候会给人带来一种叛逆的、咄咄逼人的感觉，因此这种永久性的身体装饰是否真的能提升一个人的外表还有待证实。重点是，现在的许多环境设计也会带来这样的不良反应。

## 解构主义

下面两幅图片中的景象是战争或自然灾害造成的结果，这给当代的设计时带来了灵感，去建造一些看上去像是在地震中遭到过破坏的形态。

### 我们这个时代的工程

然而，这些使用 CAD 技术的建筑以及用于计算这些复杂连接的创作精力是十分可观的，因此就因为上面列出的这些原因，将这些案例看作是单独

装饰的建筑，还是不太可能的。任何不稳定的、构成危险姿态的事物都是很难被接受的。罗杰·斯克鲁顿（Roger Scruton），是这种建筑的关键人物，他在 2011 年 4 月 9 日的泰晤士报（The Times newspaper）中写道："这样建造出来的城市简直像是垃圾掩埋场：人们只能失望地看到分散的塑料垃圾堆。"

图 234　跳舞的房子（Dancing House），布拉格。弗拉多·米鲁尼克（Vlado Milunić）与弗兰克·盖里合作，1996 年。矢量图。作者：Radhoose

图 235 斯塔塔夫妇中心（Ray and Maria Stata Center）（建筑 32，麻省理工学院）。弗兰克·盖里，2004 年。维基共享资源

图 236（左） Cardinal Place 商业中心，维多利亚，伦敦。EPR Architects，2006 年。大街上一种积极的突出的建筑表达。由作者拍摄

图 237（上） 危险性图片：一只鹰和一个中世纪头盔。由作者绘制

图 238（右一） 恶魔岛监狱：室内。盖蒂图片社

图 239（右二） 大拱廊（Grand Arcade）里的商场。由作者拍摄，大拱廊提供

右侧的商场与左侧的监狱在细节上有着清晰的相似处

## 更多的解构主义建筑

图 240 摩纳哥房产，墨尔本，澳大利亚。迈克布莱德·查尔斯·瑞恩（McBride Charles Ryan），2007 年。
图片：John Gollings

图 241 垃圾。由作者拍摄

# 电脑辅助设计

电脑辅助设计（CAD）是一种可以让设计师创建三维图形来给客户看的工具，创建出来的图形几乎和照片一样真实，客户可以直观地看到他们将得到怎样一个效果。CAD 对设计专业的影响与过去任何事物在国际上对我们的建筑和交流方式造成的影响都不同。纵观历史，CAD 改变了我们的建筑，改变了材料的采购以及政治、经济和社会的压力对设计师的影响。CAD 可以将概念图绘制出来，这是以前手绘所做不到的。但究竟是什么在主导着设计理念？纵观过去的几个世纪，怎样才走上前进的道路？

在过去，客户通常是将自己的预期结果（不是指设计或是外观的细节）通过一些方面来表达，例如建筑的质量、数量和楼层等等。然而有了 CAD，室内空间以及表面\内部构造的安排都有了无限的可能。设计师的地位越来越重要，简直可以和上帝媲美，但也肩负着巨大的责任和义务。但是，为了建筑科技，为了让 CAD 的几何设计更加完美，我们还是有很多值得做的事情。下面的问题是对无机结构的几何来源（例如六边形）和微妙的、有机的自然形式的复杂性之间的差距的评论。

仿造这种规模的综合无机材料形成的结构仍会很大程度的缺少一种有机的范本引导过程，不能够形成一种有机的材料形式，例如骨头、贝壳和牙齿。

S. 曼恩 和 G. A. 昂斯（S. Mann and G. A. Ozin），"无机材料的合成与复杂的形式"（Synthesis of Inorganic Materials with Complex Form），自然 382 期（1996）：313–318

设计的过程，就塑造建筑形态而言，就是将过去的构造知识（制定了特定的参数）和之前没有过的创意结合起来。这个全新的创意会受到一定程度的测试，来确定它的可行性。下面这段话摘自由托尼·罗宾写于 1996 年的《设计一个新建筑》（Engineering a New Architecture）：

在当下这是一个大变革，几何促进了建筑的发展，许多工程师和建筑师都同意这个观点。忽视复杂的多面体、四维几何、分形、各个方位的局部解剖等，将立方体和八面体构架仅仅当作几何图形，是对结构的严重限制，不是从本质的要求上，而是因为苛刻的优化原则。

而且，还有美学方面的考虑；崇尚科技的人将会对一排排的四面体感到亲切，但对于大众群体来说却是机械的、乏味的，只是更多的像埃菲尔铁塔那样缺乏人道主义的构架作品。为什么去看我们刚刚才看到的东西!

但是,仔细想想,对机械建筑的反对其实不是因为几何图形与人体构造相反——几何图形在建筑中是不可避免的;人们真正反感的是几何图形至少已经使用100年了,但到另一个环境里又变成全新的了。

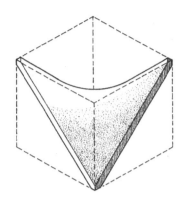

图242 一个马鞍形曲面建筑模数。美国专利1994。经由 WikiPatents.com 提供

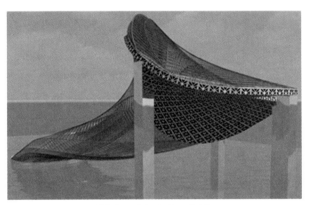

图243 用 Revit 制作的一个复杂曲面案例

图242 给了我们一个很好的案例,展现了复杂的曲线图形是怎样成为模块并运用在 CAD 设计中,图243 是最近的一个案例,展现了 Revit 3D 软件的能力。通过保护设计的相关法律,CAD 在各个国家都得到了良好的使用,可以让一个成功的创意被人们所接受、复制。

### 扎哈·哈迪德

图244 展现了哈迪德的另一个作品,这是 CAD 产品的一个好案例。这是一个非常平静的室

图244 西班牙马德里 Hotel Puerta de America 的卧室。扎哈·哈迪德,2005 年。这个宾馆委托了许多设计师来设计不同的部分。哈迪德设计了相似风格的房间,既有白色的也有黑色的,以一个完全是红色的浴室作为结束。经由扎哈·哈迪德设计事务所和 Silken Hotels 提供

内空间,仅仅被必须存在的电视和电话打破了这份平衡(如果从一个较高的角度看上去它是倾斜的)。身处这样一个天堂般的氛围中,你会感觉自己仿佛步入云端(但是如果你没有身着白色,你就会在这个环境中显得十分扎眼)。

## 室内图形单位构成

现在让我们尝试着来理解一些我们现在的状态,通过分析一般的建筑元素,看它们是怎样成为结构形态的一部分(不是松散的物体或是家具)。我所说的图形单元究竟指什么?到目前为止,如果你去分析历史上任何一个室内空间,你都可以在当中找到下面这十二种建筑形态的几何结构部件:

- **柱子**:垂直支撑结构。
- **梁**:水平跨越支撑结构。
- **圆拱/穹窿**:弯曲的跨越结构形式。
- **穹顶**:半球形跨越结构。
- **墙**:垂直封闭的平面或空间划分。
- **地面**:水平面,有时是阶梯状或倾斜的。
- **天花板**:头顶上的不同形态——位于屋顶或

其他楼层地面的下面，可以是悬浮的或是实实在在的建筑结构。

■ **窗户**：有窗框和玻璃，上面还可以覆盖百叶窗、窗帘和其他遮蔽物。

■ **门**：穿越墙面或是连接两个空间的一种方式。

■ **楼梯**：一种垂直的连通两个楼层的方式。

■ **壁炉**：有力的供暖设备——是房间的焦点，具有标志性的地位（主要是家用）。不过现在只是一种额外的选择，主要取决于供暖需求。

■ **内嵌式家具**：固定的储物／展示构造。

这些构成组件现在已经成为建筑所必需的，这主要是出于两个原因：

1. 建筑的发展带来了一个正规化的过程，渐渐就形成了这样一个全球的熟悉的建筑使用词汇表。

2. 时代风格使这些元素被更长久地保存了下来。

在这个阶段，时刻提醒我们自己建筑的室内空间是怎样规划的是十分重要的——而不是：

■ 贯穿建筑结构，没有其他的任何装饰，就如第 2 章中提到的那样，或是像早起的现代主义代表的那样"形式服从功能"。因此室内的效果主要是通过建筑结构的力量和外形来实现的（与下种情况相比，这是对选择的限制）。我们称此为"一目了然"。

■ 通过一系列不同程度的嵌入和干预，打破了建筑结构——因此室内"风景"和覆层系统都可以被隐藏起来，或是部分隐藏，建筑的结构特性本身加强了辨识度。室内效果更多的是通过产品和材料的使用来达成，而不是"一目了然"的了，这是因为与建筑结构相比，所使用的条件都是轻量级的。我们称此为"假面"。（这包括了第 2 章中列出响应和自治的类别）。

最初在这个分析中，我们是无法区分这两种过程的，知道这成为一种必须。还有更多的方法可以将一个建筑的室内空间打破成简明有用的单元形式（除了组件），而且这些方法不是基于过去的建造方式。做这些练习的目的在于使一个建筑的形态模块化，以提出一种超越传统技艺的建筑理念，扩大设计的范围。这仅仅是结构排序的另一种方式。我们将不断丰富现有的形态词汇，帮助设计师形成更多的控制理念。这还为 CAD 开辟了广阔的可能性。我们将通过检查一个简单的方形空间来设计（建造的方法将来自这个研究）并且将它打破成简单明了的单元。下面的研究最初是基于直线模式。让我们先来看看平面单元。

## 平面单元（Plan Unit）

在这样一个方形房间中，按照现有的建筑方法，标准的平面单元形式包括：

4 × 墙面，1 × 门，1 × 窗户，1 × 壁炉腔。

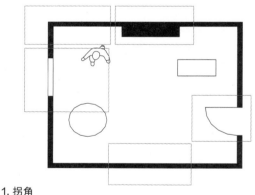

1. 拐角
2. 壁炉腔
3. 窗框
4. 门框
5. 墙面

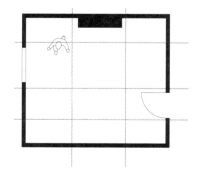

下一个步骤就是利用网格创建一个完全统一化的盒子空间，包括地板和天花板。这里仍将保留两个主要的地板／天花板单元，与周围的墙面没有联系并且因此形成了独立的平面单元。

如果我们现在将这个房间想象成 3D 的盒子切割成的单元，正如紫色方块所显示的，我们总共有五种类型的单元，包括天花板和地面。按照这个平面中每一种类型的质量，可划分为：

4× 单元 1，1× 单元 2，1× 单元 3，1× 单元 4，3× 单元 5。

这些课程练习需要单个单元的尺寸具有一定的模块化，以防墙面太长而将它们打散成很多部分。

1. 转角　　　2. 壁炉腔　　　3. 窗框

4. 门框　　　5. 墙壁部分

**每个标准单元的平面图**

现在，我们将以简单的几何图案为基础很全面地检查各个单元，这些几何图案导致了许多结构状态的流行，虽然并不是很详细，但却给我们指引了大方向。首先，我们来看看立面图形单元，由于与平面单元产生的条件不同，这并不是平面单元所必需的。接下来是平面图形单元的一个分析（并不是某个特定的室内空间），因为平面将最初的灵感和 3D 视图联合在了一起，这些 3D 视图将直角单元作为一个全新的室内图形概念来展示，必须承认多几何变化会运用在这一系统中。

## 立面研究

这些是由墙面、开口和框架组成的——尺寸和形状都是基于比例和理念来确定的。

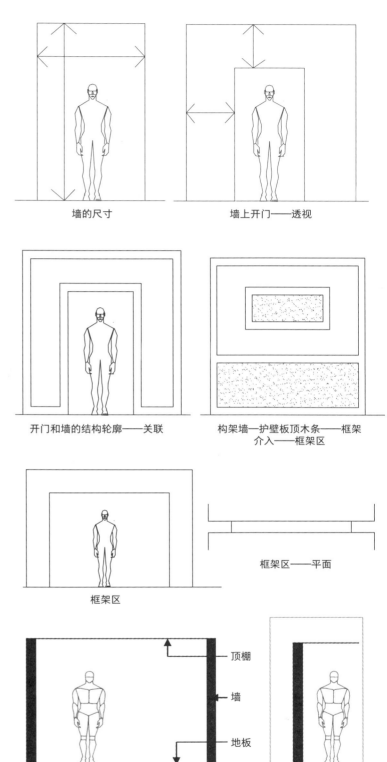

墙的尺寸　　　　　墙上开门——透视

开门和墙的结构轮廓——关联　　　构架墙—护壁板顶木条——框架介入——框架区

框架区——平面

框架区

顶棚

墙

地板

通过盒子平面方面

含墙及部分顶棚和地面的单元

## 周边平面单元类型平面图

这里展示了主要结构和 3D 视图，包括底板和
天花板。

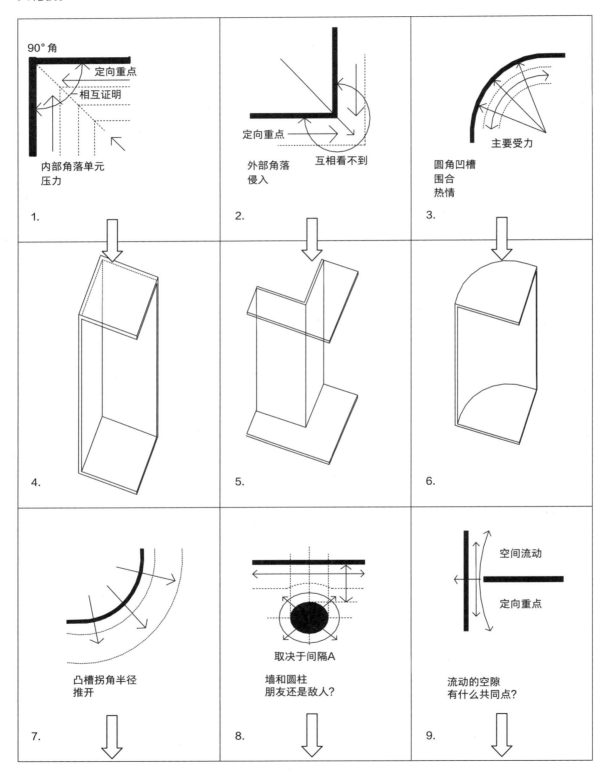

室内设计：理论与实践

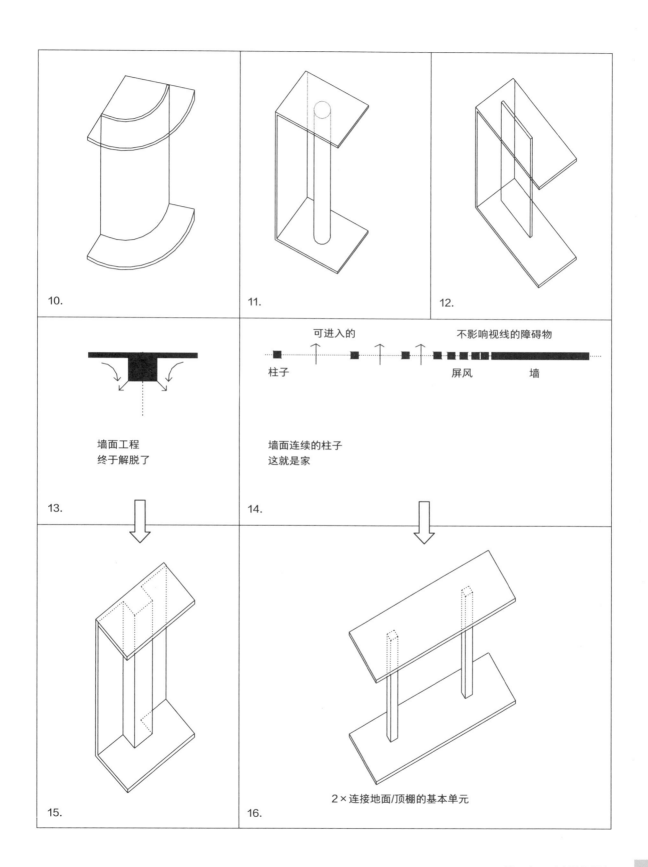

10.

11.

12.

13.

墙面工程
终于解脱了

14.

可进入的                    不影响视线的障碍物

柱子                    屏风            墙

墙面连续的柱子
这就是家

15.

16.

2×连接地面/顶棚的基本单元

**通过这些研究……**

我们现在有一个样本范围，包括新定义的平面单元、阴角、阳角、凹圆角、凸圆角、墙面柱列、浮动缺口、墙面规划和序列柱，包含了天花板和地面的各个方面。这需要天花板和地面都有一个直角的预制区域。

## 为什么要把墙和柱子一部分连接到地板一部分连接到天花板？

■ 打破了"盒子"的界限——去除角落。

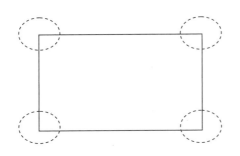

角落在"盒子"中产生了四条连接线。我的目标是在新的单元中创建八条连接线——见下图。

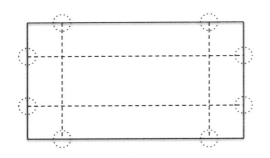

■ 因为它们之间有着动态的联系——90°与截然相反的180°。
■ 因为天花板/墙面单元有更大的自由去连接头顶的高度。
■ 因为地面和墙面在用途上有着共性。
■ 打破了水平和垂直的单调性。
■ 将单元和线条结合起来，提供了一种将表面打破的方式。

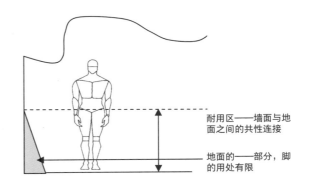

耐用区——墙面与地面之间的共性连接

地面的——部分，脚的用处有限

**水平线被打破成三个部分（下方）**

一个90°的单元（可以是任何侧面）是设计的基础，而这里却要彻底放弃这种方式。这表明了之前给出的所有单元都可以按照下面的打破方式来重新构思：

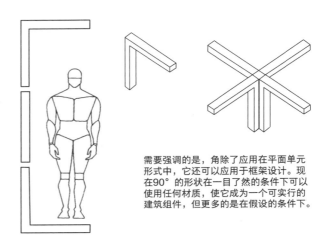

需要强调的是，角除了应用在平面单元形式中，它还可以应用于框架设计。现在90°的形状在一目了然的条件下可以使用任何材质，使它成为一个可实行的建筑组件，但更多的是在假设的条件下。

**空间灵活性**

每一个组件的不同尺寸都会被提供以适应不同的应用。真实的尺寸也会不一样，这取决于设计需求。所有的单元都会根据设计的需求来确定用在哪部分上。

## 这些在结构上如何实现？

这里有两种方法来了解结构的可行性：

1. 建筑结构——设计一个建筑系统，使它们成组化。

2. 室内覆盖系统——设计一个覆盖系统，去适应所有结构。

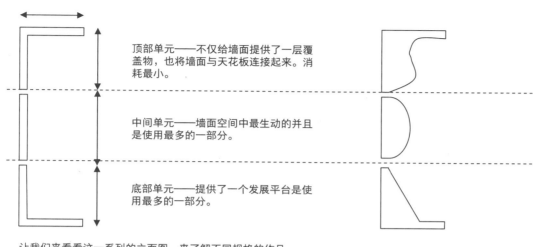

顶部单元——不仅给墙面提供了一层覆盖物，也将墙面与天花板连接起来。消耗最小。

中间单元——墙面空间中最生动的并且是使用最多的一部分。

底部单元——提供了一个发展平台是使用最多的一部分。

让我们来看看这一系列的立面图，来了解不同规格的作品。部件之间的结合处可以安置有力的连接点，有可以实现各种用途的轨道，包括悬臂式的架子和其他家具。

挂镜线

护壁板木条

确认打破墙面的
传统理由

相等的间距

删除中间的面板单元

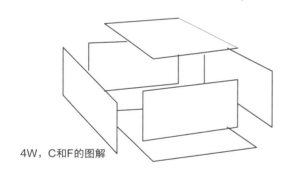

4W，C和F的图解

我们所需要克服的是盒子四面墙（4W），一个天花板（C），和一个地面（F）的规定。

商店的室内空间（右侧）有几个玻璃钢（GRP）铸造的区域组成的。零售行业似乎能产生更多的模块化方案，因为比起其他行业零售业更需要来满足展示功能的需求。

图 245　意大利服饰品牌商店史帝文丽（Stefanel），汉堡（Hamburg）。锡巴里斯，2009 年。图片：Marco Zanta。这显示了数模化构建

### 一些简单的平面单元的透视图

这幅图展示了一个一系列的模块化边界单元，天花板和地板平面产生了两个定向单元。剩下的中心墙面区域形成了一个角落单元和一个平板单元。

形成两个定向单元的想法违背了所有已知的建筑方法或理论基础。这是因为我的这些设计想法并不需要传统的"制造"技术来实现。如果这种方法创造了新的表达和设计范围，并且促进解决现存的一些问题，那么它在成本和制作方面的正确性就值得去考验。

这个平面展示了网格上不同的模块化单元，体现了对边界单元以及天花板和地面的中间平板单元的合理安排。

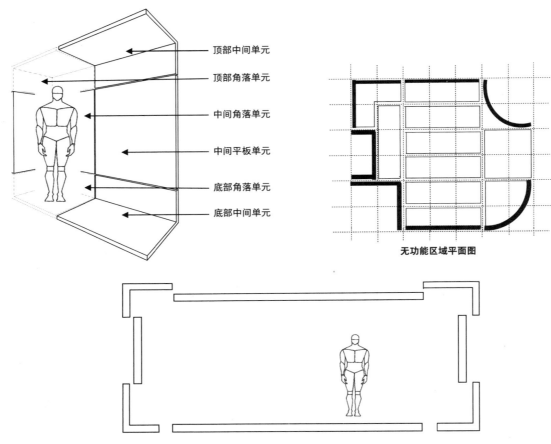

顶部中间单元
顶部角落单元
中间角落单元
中间平板单元
底部角落单元
底部中间单元

无功能区域平面图

这个截面显示了对这些更小的单位有可能进行的调整，下面的透视图显示了表面齐平的模块化设计版式。

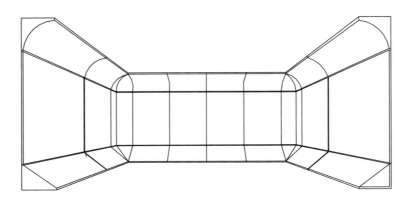

## 对盒子的更多挑战

我们可以看到早期的现代主义是怎样成功地打破了盒子的概念。同时结构主义也打破了盒子，但又通过更加危险的形态将它修复了，表现了人性中最糟糕也是最不稳定的一面。现在依然有一些传统的经济约束强加在建筑上，这或许可以称作是"直墙综合征"。许多建筑规划只是简单地复制了"4W，C 和 F"的处理方式。而不是基于一种单元化的、连锁的设计方式，正如萨夫迪建筑事务所（Moshe Safdie）对'67 住宅区（Habitat '67）的规划所证明的，这个建筑还在 1967 年蒙特利尔世博会中展出。

另一个基于类似的模块化线条规划的是赫曼·赫茨伯格（Herman Hertzberger）的中央贝赫保险公司办公楼项目（Central Beheer office project），插图见第 6 章（图 129）。模块化互连的优势变得更加明显，并且当存在实际连接设备时，效果可能会更好。让我们看看这些孩子们的拼图。[22]

左边的是我们所熟悉的拼图，这个拼图一共有九块（包括角落和边缘的部分），上面常常会印有各种各样的图案，可以给不同年龄层次的人带来无尽的欢乐。右边的是一个模仿拼图的网格平面,（幼儿拼图可以归入这一类），这不会像左边的拼图那样给我们带来快乐，因为这里没有各种各样的连接口。给我们带来快乐的正是将这些拼图正确地拼在一起的过程。想要将一个拼图完成，必须保证很好地嵌合在一起，长方形正好可以很好地平接起来，虽然这不能保证平面上的图片是正确的。同样地，

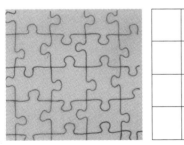 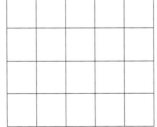

图247（左上）　典型的智力拼图。由作者绘制

图248（右上）　简单的方块拼图。由作者绘制

图 246　Habitat'67，1967 年世界博览会，蒙特利尔，魁北克。建筑师：摩西·萨夫迪，1967 年。盖蒂图片社

根据平面网格建造的建筑结构满足了经济需求，因此下面的研究会给大家说说那些可以更深层次的连接并带来幸福感的规划室内（以及建筑）框架的好处和可能。

## 盒子的角落（或者单元）

所有建筑的室内空间都可以看作是一个个单元格。接下来对这些室内单元格的建议就是在尺寸上进行一定程度的调整，以适应特定的要求。这个案例中假定了一种连续的结构包裹，这种构造还可以用在不同的平面中。

### 侵入角

这个提议在本质上是通用的，而不是特定于任何社会阶层的活动。它可以运用在任何建筑中并且有着多种用途，是一种适应性强的建筑类型。随着许多不同用途的建筑都包含了相似的建筑图形和组件，建筑的形式渐渐向标准化发展，因此它们有了一个通用的，而不是一个特定的特性和功能。这种改变导致了 2006 年 7 月国际会议 Adaptables 的召开，讨论了荷兰埃因霍温建筑构造的适应性（摘录见下页）。

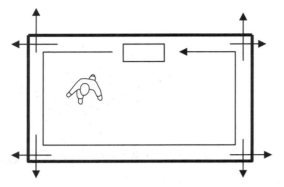

图A 标准的盒子内部

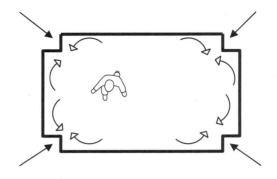

图B 侵入角平面图

这个平面图展示了对室内组件位置的初步安排，伴随着不间断的墙面空间。还可以看到墙的方向是怎样超越角落。角落往往充满了不详的预兆。差学生会因为站在角落里而感到羞耻。因此角落不是一个可以呆的地方。

结果：经济并且有用但是在审美上是乏味的并且没有生气。这就是装饰变得流行的原因。

有倒角的平面更加吸引人，并且更受欢迎。我在这个空间里创造了4个外部的角和8个内部的角；这是角落中的第二大角色，比起图一中的角落，这样的造型更加有用也更加友好。例如，这样的结构可以让室内的组件平等的使用角落的空间。

结果：这种角落增加了亲密性并且有效抑制了失望感。

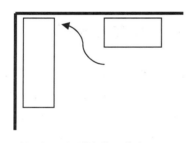

图C 这层平面的拐角不允许有进入室内的通道

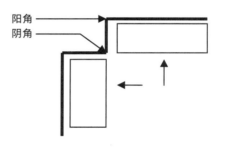

图D 这个平面图中就可以均匀的安置

下面的一段文字是从 2006 年"适应性"会议中提取出的：

这片论文详细介绍了一个能随机应变的建筑设计概念，叫作：混合空间，由里德构架（Reid Architecture）[ 格雷戈里，2005 年 ]。这个研究的目的不是发展极度灵活的建筑，而是去探索灵活性和应变能力之间的不同，并且提出建议，适应性强的建筑设计是可以通过设置达到的，使用最低程度的变化，来实现各种各样的用途。我们的思想很大程度是与布兰德相一致的，他在建筑适应性方面的工作十分有创意，拿出了关键的范本和规则 [ 布兰德，1994 年 ]。通常设计中的特色促进了从预订到大规模定制建设的转变。

共著者：N·戴维森（N. Davison），S·A·奥斯汀（S. A. Austin）和 C. I. 吉迪尔（C. I. Goodier），土木与建筑工程，英国拉夫堡大学，P·华纳（P. Warner），伦敦里德架构（Reid Architecture）

图 E　通过使用了侵入角，所推荐的重复的模块化单元格安排，
定义了多种空间使用方法。

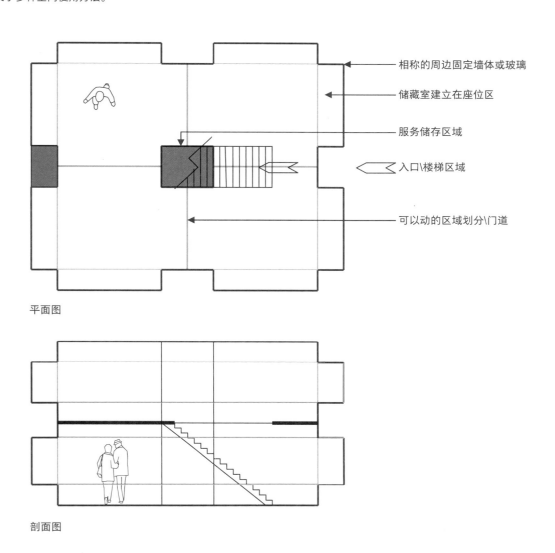

相称的周边固定墙体或玻璃

储藏室建立在座位区

服务储存区域

入口\楼梯区域

可以动的区域划分\门道

平面图

剖面图

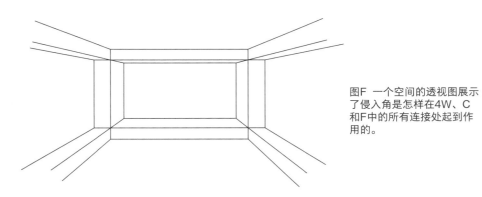

图F　一个空间的透视图展示
了侵入角是怎样在4W、C
和F中的所有连接处起到作
用的。

## 型腔拐角和切角（POCKET AND CHAMFERE D CORNER）

下面所有的案例都削弱了标准的 90° 盒子中存在的紧张感，并且带来了更多的表现机会。让我们一起来从下面的平面图和细节平面图中探索其他打破盒子四角的方式：

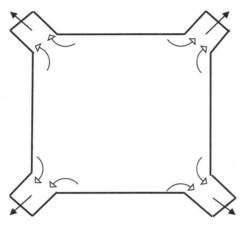

图G　45° 型腔拐角平面图

这种解决方案在对角处理上十分有趣，而且通过了每条对角线的两个角创造了一种隐蔽的"口袋"我还创造了8个225°内部角。还多出四个辅助的小空间，可以用作其他功能。

结果：是房间的空间得到扩张和解放。

图H　切角平面图

这是一个更简单的方式，减少了空间区域并且形成了一个八边形，从中世纪到当代这种方式在很多建筑中都有体现。创造了8*135°内部角。

结果：让90°角完全消失。

角落的细节

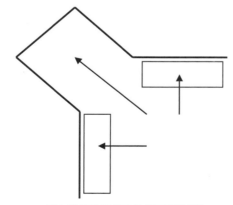

图J　连续放置的家具以及腔型拐角

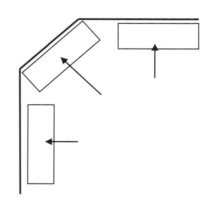

图K　均衡的家具放置

## 方框型腔拐角
## （SQUARE POCKET CORNER）

提出模块化的安排——将型腔拐角和切角方案结合起来

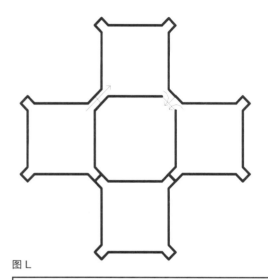

图 L

对于实体墙或是玻璃的选择与图E是一样的。只要有需要腔型拐角就可以通过每一个单元的连接提供恰当的流通环节。中心的区域是是以倒角的方式处理，并且还可以作为一个外部空间。

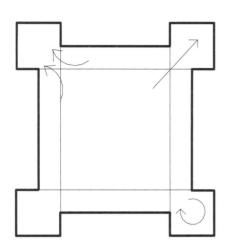

图 N

这个平面图展现了一个嵌入式方框型腔拐角，扩大了原来的拐角，并且增加了12个内角和8个外角。

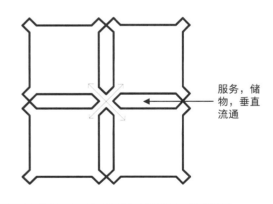

图 M

一种不同的单元安排，去除了倒角的部分。这产生了可以交叉流通的连接口以及潜在的服务、储藏或是立体循环空间。

服务，储物，垂直流通

提出模块化的安排

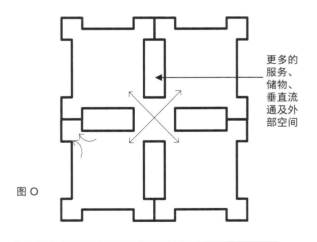

图 O

更多的服务、储物、垂直流通及外部空间

连锁的拐角创造出了潜在的连接点。

### 提出重复的模块化安排

以前的一些创意需要被进一步挖掘，以确定它们的用途和使用方式。随着标准的"4W、C 和 F"不断变化，成本会不断增加，但这里要说的重点是，在室内设计中对艺术的追求和精神上的创造，不应该一开始就担负上经济的责任。必须给创意一个留存的机会。

## 墙面

墙面构成了传统盒子结构的一部分并且是天花板和地面之间最普通的垂直连接方式。正如我们所列出的，这是一个普通的建筑元素并且构成了经济方案的一部分，在大多数建筑中都被用来划分空间。正如前面对盒子拐角的研究一样，垂直的墙面也是一个相当不友好的形式。让我们一起来检测它在紧急储物和展示功能上的扩展。

墙面厚度的不断增加对平面和空间的规划有很大影响。这是一个只适用于室内的观念，只有室内才需要这种设施。它可以让空间里不用再增加更多的家具，因为这种方式提供了一种内置的方法来解决这种需求。

## 探索网格图形

因为现在的一些结构、产品和至关重要的尺寸协调，建筑设计网格具有绝对的优势。标准的模块尺寸是 500mm 或 600mm，这是由产品的可用性决定的，这些产品使用这个尺寸或是其倍数。而且，许多室内设计的几何基础通常是受到建筑结构的原理的制约或是直接沿用现有建筑的几何结构，只要这个设计是一目了然的。与此截然相反，解构主义舍弃了规整的矩形网格，并强调重复。如果再将人体图形作为室内装饰的基础，效果将更加和谐统一。对建筑构造和室内设计比较，往往是尺寸规模上的，比起室内空间一个建筑的外表面更加脱离了人类的形态。正如在前言中所说的，室内空间就像我们穿的第二层衣服，与人体密不可分。下面的研究展现了前进的方向。这些图形可以代表围和 / 储存 / 展示元素，但这里没有什么特别的设计，这个图示只是用来介绍一系列新网格的工作基础。这还可以有其他许多变化形式，取决于对人体几何的进一步观察。

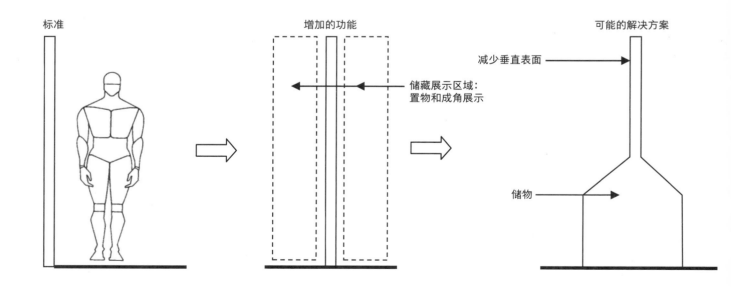

设计的一部分就是将事物排列分析拟合一起，并且使用了线条、形状、色彩、和纹理语言。这些使用了人体形态的研究，也是一种方式的一部分，让我们有理由去相信一种特定的形状，去迎合并促进概念的融合，详细解释见第 2 章。自然科学为设计师带来很多灵感，正如书中其他部分中所提到的。所以，有些解释对设计师来说是十分重要的，设计师必须去说明为什么他们的"什么是一个室内设计师的主要技能和素质"以及"设计师设计的理论依据是什么？"（第 1 章）。

## 取自人体网格的平面图概要

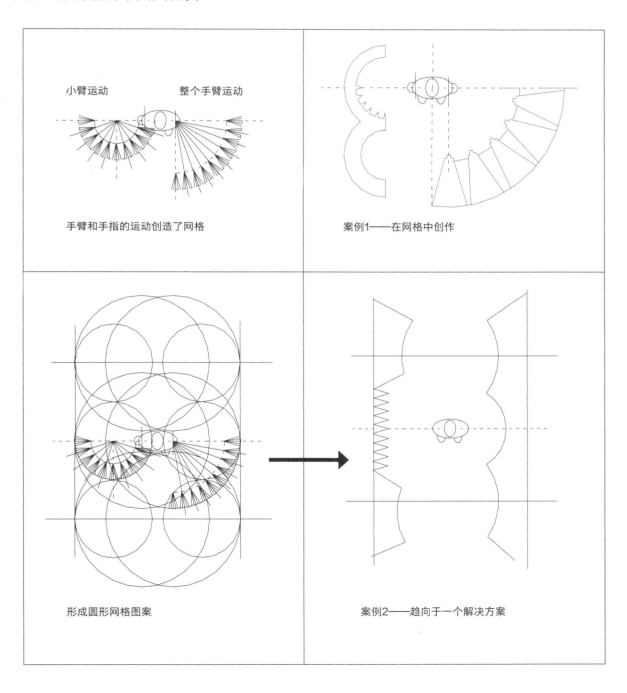

小臂运动　　　　整个手臂运动

手臂和手指的运动创造了网格

案例1——在网格中创作

形成圆形网格图案

案例2——趋向于一个解决方案

## 取自人体网格的立面图概要
这简单地证明了潜在的合成形状并且不是任何特定活动产生的结果

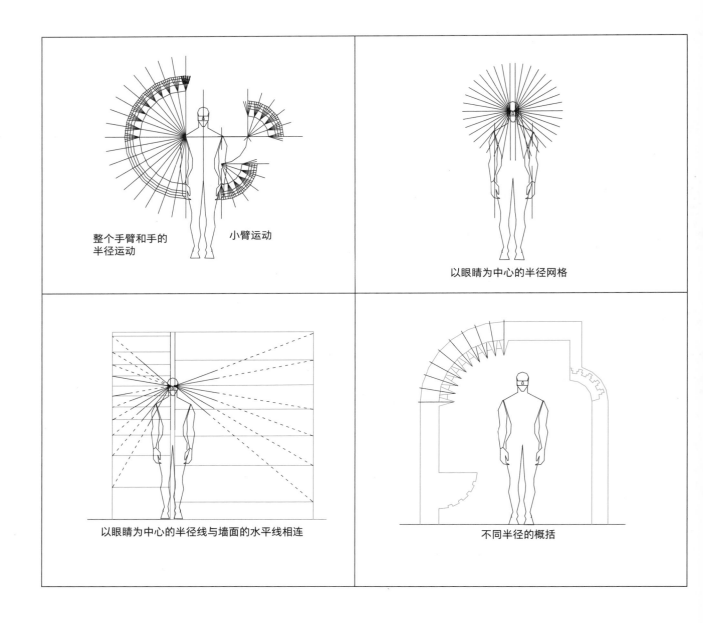

整个手臂和手的
半径运动　　　　　　小臂运动

以眼睛为中心的半径网格

以眼睛为中心的半径线与墙面的水平线相连

不同半径的概括

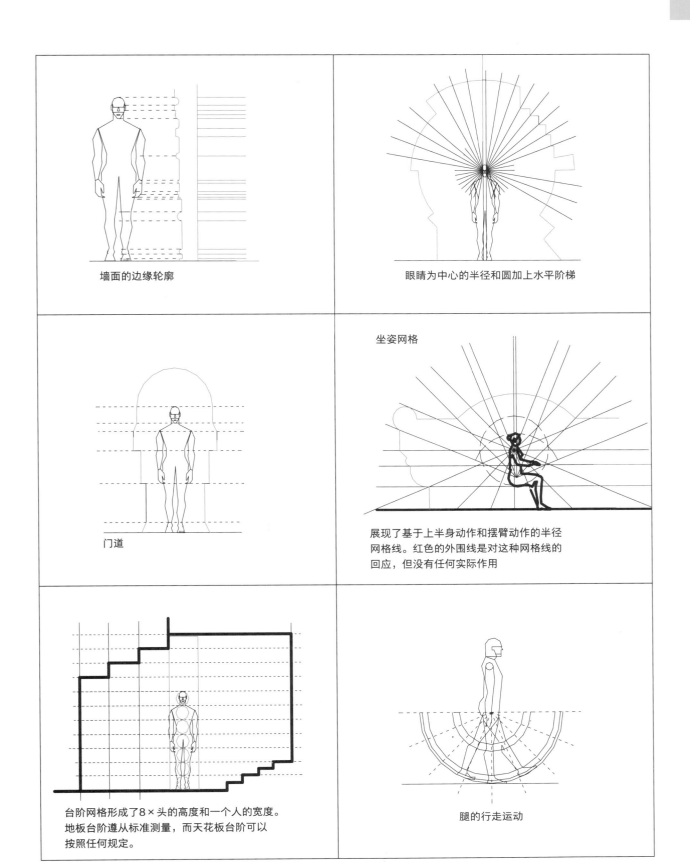

墙面的边缘轮廓

眼睛为中心的半径和圆加上水平阶梯

门道

坐姿网格

展现了基于上半身动作和摆臂动作的半径
网格线。红色的外围线是对这种网格线的
回应，但没有任何实际作用

台阶网格形成了8×头的高度和一个人的宽度。
地板台阶遵从标准测量，而天花板台阶可以
按照任何规定。

腿的行走运动

## 朝着一个将人体和室内结合起来的设计方向发展

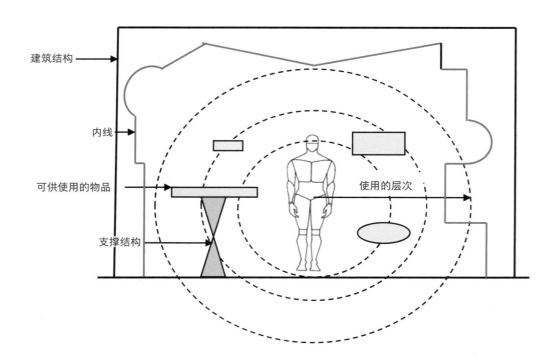

建筑结构

内线

可供使用的物品

支撑结构

使用的层次

到目前为止，这本书已经进行到了第 8 章，当我们在考虑一个设计方案的时候，我们可以把这八章的内容配合起来使用（见第 2 章）。但必须有一个起始点，借以激发出整个过程。这个创意可以来自一个项目起始阶段的任何部分，例如客户的概述或是设计研究。

在规划的过程中，集成与生成同时发生，这有助于将空间联系在一起以及 3D 空间的塑造。我认为这一过程应该以人的形体姿态、动作行为以及伴随着这些动作所产生的需求作为开端。换句话说，就是用联系的部分来修饰图形（使用和接触的部分），然后渐渐地转变被特定的形状。

上面的截面图表现了在某个特定的活动中，对可接触到的图形不同程度的接近。人们所需要的那些轻便的东西（书、笔记本电脑和化妆品）应该被放置在好拿的地方。产品和使用者之间的关系应该像第 2 章中储物部分描述的那样来划分。

在这个过程中的下一步骤就应该是来决定使用

什么样的结构，来支撑这些物体，使其满足展示 / 接触的需求。从这里开始就是图形周围区域的雕刻结构。由于这种集中的人体工程学研究是从人体发展而来，它会与空间中闭合的建筑元素相互作用。上面的图示有助于在空间上的运作。

反面的图展现了所有支持活动可能用到的表面的范围。无论我们是站着还是坐着，我们都以不同的角度使用了不同的平面，从水平到垂直。

## 我们能够影响室内的一部分吗？

所有设计院校的学生都应该好好想想上面的问题，因为这是对思想的延伸，涉及功能的交叉，促进了室内设计领域的探索。受到计算机和传感技术驱使，人们对相互作用的构造做了很多研究。[23] 这个研究也是一样，甚至还可以说是有点疯狂的！

尽管这很疯狂，但仍有可取之处（Though this
be madness，yet there is method in't）

《哈姆雷特》，第二幕，场景二。威廉·莎士比亚
（ Hamlet，Act II，Scene ii. William
Shakespeare，约 1600 年 ）

　　人类的穿着和配饰与室内空间之间究竟有着怎样的特殊关系，这个研究就是基于这个观点之上的。为什么我们会想要尝试着穿上一些衣服以外的东西？这个问题假设了一个没有任何装饰的室内空间，之所以没有，仅仅是因为没有人设计。为什么一个室内空间必须要由装饰部分来组成？这样一个设施的用途究竟是什么？它能带来什么好处？这本书并不是要提供这个阶段的设计方案，我们只是在调查可能性。让我们来作进一步的探索。

　　图 249 展示了 15 世纪的一幅画，画中圣多明各坐在一个王座上。他的服饰上有繁复的纹理和图案就像他的王座一样。整幅画具有很强的装饰性，将人体和背景很好地结合在了一起。王座让人想起了哥特式建筑。看上去就像是圣多明各穿上了他周围的环境。图 250 中的用于战斗的铠甲具有很强的保护性。它是由单独的金属网格单元拼合而成，以方便骑士四肢的活动。铠甲与画都被挂在墙上展示。因此，我们有了两个例子来证明特殊的服饰与室内环境之间大有联系。

　　因此我们可以总结，任何一个将装饰部分和结构结合起来的室内空间将会和使用它的人更紧密地结合在一起。

## 服饰 / 服装

　　一方面，现在我们的室内空间有了家具、物品等等，另一方面，我们有穿着衣服的人体，有时还有别的附件。在许多社会中，服饰的规范反映了谦虚、宗教、性别和社会地位的标准。服装还具有装饰的功能，体现了一个人的品位和风格，就像是手头上的活动一样。为了这个练习的目的，我们主要

将关注标准的现代西方服装。从生理的角度来说，一个人与一个建筑的室内环境之间的关系如下：

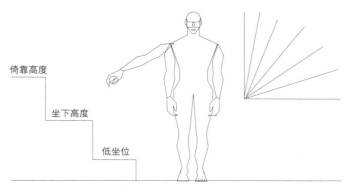

设施同时需要水平和垂直——坐着和站着。一级级同时从 90°垂直角下降到了 180°。

图 249（左） BermejoBartolome（巴尔多罗诺·伯尔梅霍），圣多明各士兵，1475 年。普拉多博物馆（Prado Museum），西班牙。维基共享资源

图 250（右） 亨利·李爵士的军械盔甲以及伦敦 Brasiers 公司大厅（Brasiers' Company Hall）。图片由作者绘制

　　■ 手操作设备或是用作支撑。
　　■ 脚在地面 / 台阶上行走。
　　■ 身体坐 / 躺在支撑物体上。

我们的服饰与室内环境的关系如下：

■ 我们也许穿着一套制服，看上去刚好适合室内的环境和宗旨。

■ 一些附件例如包和雨伞将会被放下来。

■ 服饰——例如帽子和大衣——会被脱下，暂时挂起来，以保证它们不变形。

■ 根据功能要求，可能会换鞋或者直接脱掉。

下面的图展现了一个抽象的模块化图形，划分成了穿着衣服的数个部分，也许会给墙面带来影响。

图中的22个部分，按照身体的中心被分成两半，背面和前面（而不是下边），这决定了22个部分的外部穿着（而不是内部），这22个部分可以互相拆开，整个人体也是一样。这是一个值得推荐的模块化分析，根据服饰穿着，人体的各个部分可以被怎样划分。进一步扩展：

■ N 头（1，2，3，4）。中世纪的头盔、面具和各种各样的头饰，这占了4个部分。

■ n 脖子（5，6）。一到两个领子的部分。

■ 上臂（7，10）。两个袖套（管）的部分。

■ 下臂（11，14）。两个袖套（管）的部分。

■ 躯干（8，9）。两部分。

■ 臂部（12，13）。两部分。

■ 手（15,16）。两部分：手套或连指手套类型。

■ 大腿（17，18）。两部分（管）：可能是裤子（两管）或是短裙（一管）。

■ 小腿（19，20）。两部分（管）。

■ 脚（21，22）。两部分：鞋。

所有的物体都是要被穿上的并且为了方便快捷都用尼龙搭扣（Velcro-type）单独替换。按照相关的穿着指南，当前穿服装的标准（男女皆可）如下：

·1× 帽子。戴在头上。

·1× 夹克。先将一条手臂伸进袖套里，然后是另一条，之后拉到肩膀上，扣子在前面。

·1× 裤子。站着将一条腿伸进裤管中，然后是另一条腿。

·2× 鞋，每只脚上穿一只鞋。

·1× 袜子。每只脚上穿一只袜子。

·1× 衬衫。与夹克的步骤相同。

·2× 手套。戴在手上。

这就是这样东西的全部。还有一些额外的或是可变动的东西例如牛仔裤、T恤、领带、皮带和鞋带。所有这些服饰都必须是柔软的（除了鞋子），这样穿着才会舒适、易于更换和清洗。室内元素属于哪一类？窗帘、墙上的纺织品挂饰、室内装饰织物（皮革和帆布）、缓冲墙内衬（cushioned wall linings）、软垫座椅、床上用品和柔软的地毯。

所以我们创造出了一些相互作用的可能性，但是让我们应该更密切地关注这种关系究竟是在哪里以及怎样被发展起来的。当然，我们没有忘记服饰是个人的，因此你可能想要这只适合于相对私人的环境，例如家用的情况；但如果不是呢？

人体　　墙立面

## 支撑 / 展示功能

让我们来探索进一步扩大的可能性：在这个问题上，一开始的建议是将墙面模块化，成为组件的一部分，用于这样一种交换中。那么为了这种交换设计的家具或是其他结构形状又是怎样的呢？

这个衣帽架（见图 251）在外观上明显与雄鹿的头有关联，而雄鹿头也曾被用来挂衣服。更重要的是，雄鹿的头（图 252）还被用作墙面装饰，最初是被当作狩猎的战利品挂在墙上。卡拉扬的设计（图 253）是对家具形态之间关系的一次富有想象

力的探索。卡拉扬（Chalayan）说：

我们现在所居住的这个全新的环境，对人体有着一定的影响。通过对身体的同化，使身体的尺寸得到改变，以更好地适应所处的空间。结果，转变成了环境的装饰的图案……人物的穿着服饰与空间相呼应，成为充满魅力的中心人物。中心人物像大理石雕像一样成为不朽的存在，更加深入地与环境融为一体。

图 254 展现了一个一个锥形灯罩，形状和中国帽子非常相似。市场上有很多帽子会让人想起灯罩，因此可以顺理成章地将两种帽子用处联系起来，逐渐变为一种。露西·科尔德瓦（Lucie Koldava）是一位非常有天分的设计师，她设计了一系列的健身器材，如图 255 所示，与墙面很好地结合在一起。下页图 256 中的衣架几乎是一个陈列架，以放置夹克、裤子和装饰物，也有放置鞋子的抽屉。图 257 中儿童墙面收纳袋就是一个软壁单位的例子，可以用来展示 / 储物并且还包含了一面可移动的镜子。

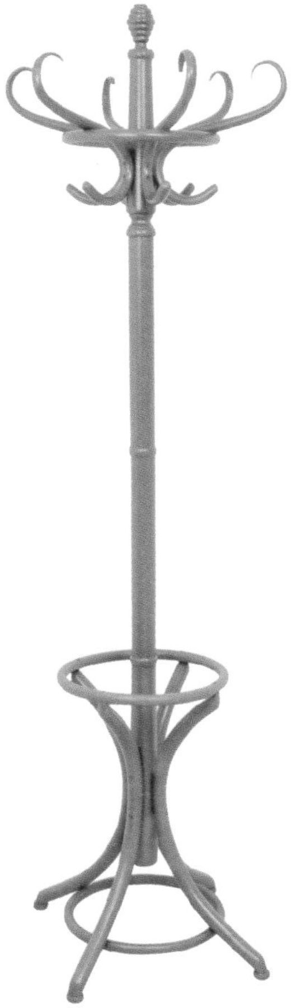

图 251　帽子 / 外套伞架，HND（英国）

图 252　雄鹿的头。由作者绘制

图 253　"以后"时尚品。侯赛因·卡拉扬（Hussein Chalayan）（出生于 1970 年，英国—土耳其时尚设计师）图片：Chris Moore

图 254　鹅颈弯曲管人形模特灯。斯蒂芬·琼斯（Stephen Jones），女帽设计者，生于 1957 年。头和脖子的形状用来作灯座

图 255　家庭健身墙。露西·科尔德瓦，捷克共和国，2009 年

图 256（左） 松木衣架，来自 Watson's-on-the-Web（www.Watsonsontheweb.co.uk）

图 257（中） 儿童墙面收纳袋。哈巴的"琐碎物"，2001 年

图 258（右） 钩子上的外套。由作者拍摄

### 传统服装路线

习惯上，衣服会放在衣帽架、挂钩、衣夹或是人台上（最后主要是裁缝用的）。

衣服通常不会一直摆在外面展示，因为这样太占地方了，而且容易积灰。正如图 258 中可以看到的，当挂在钩子上时，衣服和围巾会变得很难看，而且也放不好。当然，衣帽钩作为一种挂外套和帽子的方式，经济而便捷，在国际上都得到认可。因此我们就有了一个设计上的问题要解决，第二章中的图 10 很完美地解决了这一问题。

### 人体结构与室内的亲密关系

- 睡觉：躺在一件家具上；裹着被褥；衣服换成睡衣。
- 坐：斜靠或端正地坐在一件家具上；可能还会有靠垫和靠枕；任何装扮皆可。
- 清洁：清洗和身体机能；用于接水的容器、沐浴、淋浴；裸体或为准备特定功能准备。

### 形体可以穿着或佩戴的附件

如果我们考察一个人穿什么，我们需要去了解承载能力，以估计室内部件之间的联系。当然，当这些附件没有被佩戴，它们就需要在室内找个地方来储藏或放置。

- 珠宝
- 手表
- 钱包
- 香烟、打火机
- 手机
- 苹果播放器
- 相机
- 望远镜
- 眼镜

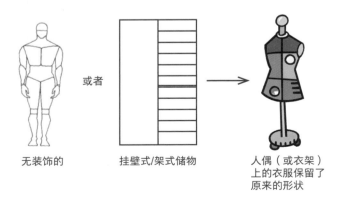

无装饰的　　或者　　挂壁式/架式储物　　人偶（或衣架）上的衣服保留了原来的形状

・耳机

・拐杖

・雨伞

・帆布包

・书写工具

・徽章、名牌

**室内常见的便携物品**

上面列出的这些东西我们平时都会穿戴或是放在身边，而下面列出的物品是我们在短时间内会从一个空间带到另一个空间的。（注意：清单上包括那些厨房、浴室或是其他特定工作区域里的物品。）

・袋子、行李箱、公文包

・书籍、报纸、杂志

・CDs、DVDs etc.

・手提电脑

・手机 – 地上通讯线

・远程视听手机

・文件

・干洗

・游戏机

・DIY 工具

自行车是一个有趣的物品，因为它是用来骑的而不是穿的。但是，如果空间允许或者有专门放置的地方——即一个自行车架，自行车也会被带到建筑里面，这就是一个建筑容纳一个人部分财产的例子，这与本书这部分的主题十分接近。

**人类潜在的携带能力是什么？**

人体究竟能携带什么？下面全副武装的士兵就是个很好的例子（图 259）。同时，他还需要一些装备，如弹药、护目镜、无线电设备等等，他需要尽可能增强自己的机动性。图 260 中的士兵一个帆布包睡袋，应对不同类型的任务。这两个例子都展示了良好的携带能力。

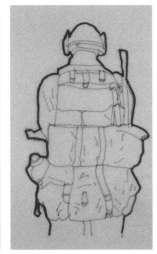

**图 259** 战争中全副武装的士兵。由作者绘制

**图 260** 远程旅行中全副武装的士兵。由作者绘制

## 如果有需要影响室内的一部分，这种需求如何被实现？

我们需要重新检查第 2 章中列出的要素，然后换一种思路来考虑围墙、支撑和展示、储存和工作台面的三要素。我们还需要增添一个名为"服装规定"的室内要素。内墙有时候会加上某种形式的覆层，就像人穿着衣服一样（也可以被描述为包层）。软家具也被一些纺织品所覆盖。所以我们正在试图将这三种类型更紧密地联系在一起。为了遵守室内的服装规定，我们必须测试其有效性和实用性：

- 它会使人与室内空间结合得更紧密，这一点在上面已经提过。

- 改变包层可以不通过另一个存储区域。

- 22 项提供了很好的选择范围去选择分离哪部分。这更是增添了趣味性，因为不同的人会作出不同的选择。

- 只要物品没有被损坏或被移除，它就是室内空间的一部分。

- 设计师将室内空间打破是有目的性的，不仅仅是为了装饰的缘故。

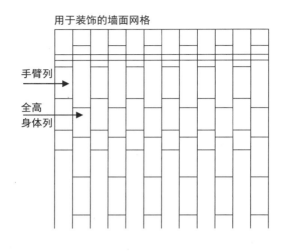

用于装饰的墙面网格

手臂列 →

全高
身体列 →

图 261 一位音乐家的一间白色公寓，罗马尼亚，寄生虫工作室（Parasite Studio），2008 年。图片中展示出了对于壁橱多样的安排

这个立面图是将前页的那个理顺后的版本，同样是取自人体形态。相邻的两列上下交替；这不是一个完整高度的墙面；墙面被最大限度地网格化，描绘出了潜在的服饰可能。无论所有这些嵌板是否可用，这些嵌板的位置，都会由室内的某种特定功能来决定，并且会被算作一个必要条件，就和这个项目的其他条件一样。尺寸会被调整到合适的状态。

### 现阶段的一些问题

问：服装如何固定在墙上？

答：通过尼龙搭扣——要么作为一个可剥层，要么隐藏在门板后面。

问：网格似乎决定了矩形模块的版式——这是正确的吗？

答：正如其他的设计想法一样，这种设想也需要得到发展，以检测在考虑到规定和形状的情况下，究竟可能产生多少种变化。

问：我们可以选择特定的风格、颜色和材料吗？

答：这取决于室内活动的种类，这将会决定究竟是什么属性的。通过进入一个室内空间并成为其中的一部分，人们其实已经作出了选择。

问：在什么样的情况下人们会改变或增加他们的衣服？通常因为天气情况的变化或我们要做运动的时候，会脱掉衣服。在这种情况下，人们会改变或交换部分或全部的衣服，来和室内空间保持一致。

答：这个想法挑战了现有的风俗习惯，因此需要详尽的研究和应用测试来试试看。如果有设计师采用了这种想法，那一定是很棒的，因为它毫无疑问会加深我们对建筑室内的理解和依附。

图 261 展示了一个案例，墙被划分成不同形状和颜色的存储单元，而不是对"可穿戴的单位"的处理。

这本书的任务并不是去接受这个服装规定想法的任何特定解决方案。这个练习是要去演示如何将一般室内设计界限富有想象力地延伸开来，希望能给读者带来灵感。

## 回顾

在设计中，搜寻和探索是永无止境的。但就现阶段的任务而言，这一章有助于将思想朝着新鲜刺激的方向推进。有些读者可能会认为，将一些规则强加到我们的创作方式里是一种约束，给我们增加了限制。这就是控制方式和条理化能力的问题了。通过这里给出的很多历史上的案例，读者会明白制度会为我们提供了一种手段。没有了这种制度，设计师就缺少了将我们的根本联系起来的要素，无法想出新的创意。

# 第 9 章　总结

当我开始写这本书的时候，我对内容和信息有一个粗略的想法。但作为一个没什么经验的作家，我完全不知道这样一个职业是多么有创造力。我所写的不是那些已经注定了的，而是由我想说的内容扩展而来。这本书的核心一开始是围绕我的设计理论课堂讲稿。很快，我发现有这么多的问题需要解决。同时，我也意识到我写的很多内容都从未在我的课堂上提到过，这无非是因为在本科生课堂上没有多余的时间来讲这些额外的知识。这意味着研究生的学习中可能会有这样一个机会，并且书中的内容也适合研究生学习。

我以前言作为开始，除非是有关联的，否则我不想重复那些在其他地方也可以看到的东西。但我发现这是很难维持的，因为有时候必须要包含一些论点或者问题，以及必要的解释，这样的话我自己就有可能重复了。所以，我希望读者能够谅解，并且能够找到我观点中的有用之处。

我希望这本书能够帮到这个专业的学生，让他们可以不断追求富有创造力的设计方案，让人们接受并喜爱，取得与付出相符的满足感。如果你用谷歌去搜索室内设计，出现在第一页的几乎都是装潢方面的商业信息。这说明这一行的主要部分仍是家具和装饰，而建筑方面的内容只占到很小的份额。如果你搜"室内建筑"，大多是和这个专业的教育课程有关，而只有小部分是关于室内设计师的。

学艺术和设计的学生会感受到这些学科间的密切联系。传统意义上，艺术就是绘画和雕塑，而设

图 262　梳子环保屋，凯瑞姆·瑞席（Karim Rashid），在 2010 年罗马开罗的马尔凯大区展览中展出。这是一个基于伊斯兰工艺设计原理的生态友好房屋

图 263　安尼施·卡普尔（Anish Kapoor）的利维坦（Leviathan），巴黎大皇宫，2011 年。摄影者：Stefan Tuchila

计是由商业驱动的学科，正如第二种中提到的。但在最近的五十年里，艺术慢慢融入了设计之中，设计也慢慢被归入艺术的范畴。

图263展现了一个艺术装置的规模是可以比得上建筑物的。图262展现了凯瑞姆·瑞席这位多才多艺的全方位设计师一个令人激动的作品。

产品的技术和结构会在艺术和设计之间摇摆不定，但正由于这种模糊和重叠，基本结果还是相似的。从这本书中可以明确地发现，在我看来室内设计是艺术的一种形式。我认为，下表是一个有趣的总结。

室内设计本身可以成为一种宣传，因为设计师不必坐等客户和工作到来。一个设计师可以有一些基于工厂产品或建筑组件的想法。一旦他有了明确的项目工程，确定它的必要性并进行了相关的市场调查来确以是否能被接纳，下一个至关重要的步骤就是去拉赞助，以保证这个项目可以有机会进行下去。

## 艺术 = 设计　　设计 = 艺术

|  | 艺术 | 设计 |
|---|---|---|
| 灵感 | 对于构成，颜色，纹理，形状，材料和结构的想法 | 相同 |
| 动机 | 挑战，解决一个问题，对事物的表达，做出一个陈述 | 相同 |
| 原理 | 理论和哲学上的立场 | 相同 |
| 应用 | 必须努力，去适应目标，让使用者满意 | 相同 |

# 附录

## 个人经历

我对艺术的兴趣开始于早年在学校的时候，那时候我第一次展现出了绘画天分。这与我成长的环境有很大关系，战后的英国是十分可怕的，特别是在伦敦南部的布里克斯顿，那里就是我成长的地方。被炸毁的建筑物和爆炸现场是我的游乐场。可怕的绿色英国铁路无处不在，内部装饰也极度匮乏。

### 学生经历，1964 年

过去我迷上了设计这门科目，最终我走上了专门研究室内设计的道路；一开始是在哈默史密斯艺术和建筑学院（现在切尔西艺术学院）[1]，然后是在赫·卡森爵士（Siv Hugh Cassion）[2]的伦敦皇家艺术学院。我一直想在我的设计作品中采用探索性的方法，而不是遵循现有的规范。右边的插图展现了一个酒吧规划理念，我在美国无线电公司（RCA）工作到第二年的时候，将这个理念用在了一个名为"Pub'84"的酒吧上，我的灵感来自乔治·奥威尔（George Orwell）的书《一九八四》（Nineteen Eighty-Four）。我从拉姆气压管系统（Lamson pneumatic tube system）中获取灵感，这套系统被用在 20 世纪 50 年代的在大商店里，以发明出一个自助服务系统。客户将信用卡插入三个服务站中的一个（直到很多年后才被普及），然后选择他们所需的事物和饮料。他们的订单将从中央配送中心传到下面的管道并最终抵达提前包装好的容器中。一旦已经完成，就会把所有空容器扔在座位下，然后被回收利用。

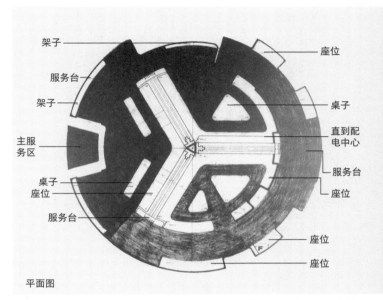

平面图

图 264　平面图中展现了三个座位区，走廊和主连接处。图片由作者绘制

图 265　全尺寸 ⅓ 的石膏模型，1964 年。作者的作品

图 266　琼斯的珠宝店，骑士桥，伦敦，1968 年。项目小组：安东尼·萨利、迈克尔·布朗（Michael Brown）。客户：安娜贝利·琼斯（Annabel Jones）、科夫·斯坦姆（Cob Stenham）

## 琼斯的珠宝店，1968 年

这是我毕业后从事的第一个重大项目，位于伦敦骑士桥的布朗拱廊，这个项目让我可以反复试验怎样才能更有效地利用一个受限拐角处的空间。琼斯的珠宝店是一个零售店的项目，是我为建筑师迈克尔·布朗（Michael Brown）所设计的。这个地方有一根偏离中心的生铁柱，这使我想到了垂直的展示柱。然后我研究了滑动管中管的概念，悬挂在天花板上的伸缩滑轮系统，还有从地面到顶棚全方位的展示。这使地面可以从展示物品中得到解放，并且意味着顾客可以随时拉下放有珠宝的管子到胸口的高度，同时触发内部照明灯的开关，来欣赏这些珠宝。

在上面的图片中，管子悬挂在顶棚上，从地面一直到顶棚的管子也是一样。操控的把手藏在了管子的底部，并用一个销铰接锁锁在有机玻璃里面。管子是由专攻铺设下水道的 PVC 管材的分包商 Rivington Plastics 承包制造的。当我问他们是否有兴趣生产这种管状店铺装潢物品时，他们迫不及待地答应了，并且出色地完成了工作。

## IBM 陈列室，1971 年

下一个涉及反思的项目就是审查 IBM 使用他们位于伦敦威格莫尔的陈列室的方式。下面的图片展现了"隐形电缆概念"，随着凸起底板下面的电缆上升，穿过镀铬的钢管，直接到达展览的机器上。所有的展览都可以进行交换以适应产品的变更。

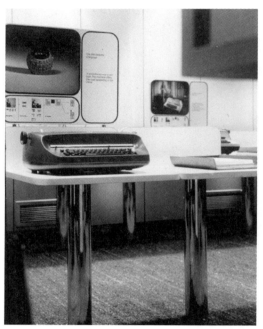

图 267　IBM 陈列室，威格莫尔街，伦敦。单个产品陈列架——1971 年，同时还为奥斯汀·史密斯阁下服务，建筑工作室，伦敦。项目小组：迈克·奥凯特（Mike Aukett），翰·斯图尔特（John Stewart）。施工方：Economic Shopfitters。客户：IBM

## 洲际酒店，伦敦，1977 年

我的下一个挑战是为弗雷德里克·吉伯德建筑设计的伦敦洲际酒店。我设计了室内大厅的零售单元，美国总部（American HQ）的概述十分乏味——一个简单的盒子里面要有货架、柜台和门，但一个独立报纸亭引起了我的好奇心。

我的外部表达运用了杂志架的形式。我设计了两个展示单元，两边都有双开玻璃门，当折叠时还是相同的展示深度，因此不会引人瞩目。整体的效果是为了增加一个小型封闭空间的透明度。

图268 场景中展示了建成的商店以及前景中出售商品的亭子。工程小组：迈克尔·库布斯（Michael Coombs）、迈克·诺尔斯（Mike Knowles）。客户：洲际酒店

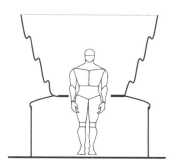

图269 杂志架截面图

## 社区服务中心，1975年

从白塔餐厅（White Tower Restaurant）往下看，可以看到整个夏洛特街，费兹罗维亚狂欢游行就是在这里举行的。我获得规划许可，建造一个临时的脚手架结构，并且设计上面软包层材料，来形成一个怪物的造型。第一层是一个舞台，我雇了不同的演员在这里从早到晚地表演。在第二层，有工作人员藏在里面，上下挥动手臂，打开怪物的嘴，拉出舌头，或者眨一眨眼睛。我还从松林电影制片厂（Pinewood Film Studios）弄了一台烟雾机，在适当的时候喷出烟雾。在顶层，剧院项目（Theatre Projects）我预定了一位音响师来制造电子合成的怪兽声音，并与怪兽的动作保持同步。事实上，《建筑杂志》（Architects' Journal）刊登这个可能是看出了它的环境价值，虽然是短暂的。

图270 伯西街上的怪兽，来自伦敦夏洛特街。由作者拍摄

## 格兰道尔住宅礼拜堂改建，2002年

经过长时间的全职教学工作，我觉得是时候开始另一个室内设计项目。当我在威尔士蒙默思郡租房子住的时候，我在城镇的中心发现了这个废弃的公理教会——"人气十二"（hot dozen）的建筑之一，是SAVE突出强调的，迫切需要大众关注的建筑。它的上层的三个面都有一个走廊，并由七根生铁柱支撑，走廊由两个螺旋石梯支撑。我决定要把它改建成一个住宅工作室。卧室在底楼，生活空间在开放式的一楼，这自然是为了让更多的自然光照进楼上的室内。在这个建筑获得文物保护建筑许可后（Listed Building Consent），这个项目申请到了CADW的拨款。

我在底层引进了一种45°的轴线，作为一种规划的工具，帮助我更好地使用空间并且提高空间中人员的流通性。同时在楼上的中心留了一个开口，这样就可以感受到建筑的原始高度。这个倾斜度贯穿了整个建筑，同时一些底层的房间还有一个部分倾斜的屋顶，这使外表面上没有任何建筑结构。柱子上设有壁龛，并且涂上了典型的橡胶地板颜色。

这个项目发表在了BBC2的"步步登天"，频道14的"英国最佳住宅"以及ITV的"我们的住宅"（Our House），并且赢得了威尔士公民信任奖，而且还入围了2003年RICS的国际保护奖（International Conservation Awards）。

图 271 "之前"的格兰道尔住宅。由作者拍摄

图 272 "之后"的格兰道尔住宅。由 Ken Price 拍摄

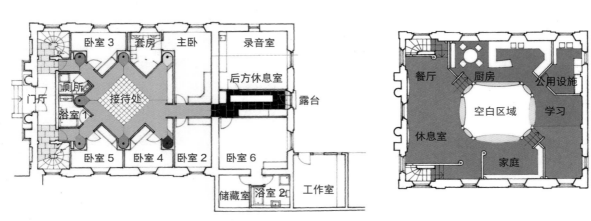

图 273 一层平面图

图 274 二层平面图

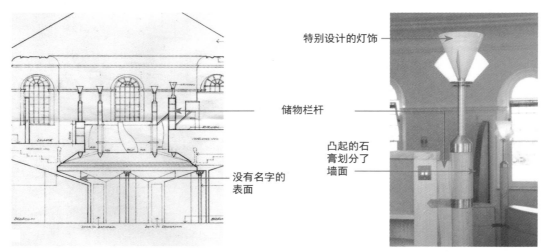

图 275 截面图展现了现有的长廊台阶

图 276 室内照片。由作者拍摄

## 手绘

　　草图和绘画是设计技能中重要的一部分，因为这证实了一个人用眼睛记录事物的能力，不仅仅是为了设计，也是为了独立地创造出一些艺术作品来。

**图 277**　费茨威廉博物馆（Fitzwilliam Museum），剑桥，英国。主入口。钢笔纸板画，2008 年。由作者绘制

图278 凋谢的菊芋。钢笔画，混合多种画法，A0 卡纸，2005 年。由作者绘制

# 注释

## 序

1. 克里斯辰·诺柏-舒兹（Christian Norberg-Schulz），《建筑的意向》（Intentions in Architecture）（Cambridge，MA：MIT Press，1965），p.30。

## 绪论

1. 罗伯托·J·伦格尔（Roberto J. Rengel），塑造室内空间（Shaping Interior Space）（New York：Fairchild Publications，2003），p.5。

2. 英国建筑法规（Building Regulations UK）制定了一系列设计和施工的标准，应用于英格兰和威尔斯大多数新建筑和许多现存建筑的改造。

3. 弗兰克·劳埃德·赖特（Frank Lloyd Wright）（1867–1959年），美国建筑家、室内设计师、作家以及教育家，提倡有机设计（例如流水别墅），是芝加哥草原学派建筑运动的领军人物。

4. 布卢默（Bloomer）和摩尔（Moore），《身体记忆和建筑》（Body Memory and Architecture）（London：Yale University Press，1977），p.59。

5. 希格弗莱德·吉迪恩（Sigfried Giedion），《空间、时间和建筑》（Space，Time and Architecture）（Boston，MA：Harvard University Press，1941），p.xxxviii。

## 第1章　设计行业的现状

1. 国家学历颁授委员会 [The Council for National Academic Awards（CNAA）] 是英国的一个学位授予机构，从1965年一直到1992年。

2. 技术教育委员会（The Business and Technology Education Council）是英国的一个授予职业资格的机构。

3. 在英国作为文物保护并登记在册的建筑物是指登记在册的法定特殊建筑或古迹建筑。这份名单

并不是为了防止对建筑的改变，而是对建筑的一种鉴定，确定了建筑的特殊性或者历史价值，决定了建筑的未来。

4. 约翰·布莱克（John Blake），《设计杂志》（Design Magazine）No. 365，May 1979，p.42–43。

5. 约瑟夫·霍夫曼（Josef Hoffmann）（1870–1956年），澳大利亚建筑师和消费品设计师。

6. 布鲁诺·塞维（Bruno Zevi），《现代建筑语言》（The Modern Language of Architecture）（New York：Da Capo Press，），p.52。

7. 斯文·海斯格林（Sven Hesselgren），《建筑语言》（The Language of Architecture）（Barking，Essex：Applied Science Publishers，1969），p.7。

8. 安东尼·萨利（Anthony Sully），《设计课程——什么行业的毕业生？》（Design Courses–Graduates for What Industry?），会议文献，"欧洲设计学院"（European Academy of Design），索尔福德，1995年4月。

9. 英国设计委员会（The UK Design Commission）是在一年前由联合设计议会和创新小组（the Associate Parliamentary Design and Innovation Group）建立的。

10. 约瑟夫·亚伯斯（Josef Albers，1888–1976年），德国出生的美国艺术家和教育家，以及包豪斯学院的学生和教师。

## 第2章　术语的定义

1. 理查德·巴克明斯特（巴基）·富勒 [Richard Buckminster（Bucky）Fuller，1895–1983年 ]，美国建筑师、脚架、设计师、发明家和未来派画家，同时也因其设计的网格状球顶而闻名于世。

2. 劳伦斯·布莱尔（Lawrence Blair），《视觉节奏》（Rhythms of Vision）（St Albans：Paladin Granada

Publishing, 1976), p.46。

3. 布鲁诺·塞维（Bruno Zevi），《现代建筑语言》（The Modern Language of Architecture）（New York：Da Capo Press，1978），p.61。

4. 刘易斯·芒福德（Lewis Mumford），《人的条件》（The Condition of Man）（London：Martin Secker and Warburg，1944），p.12。

5. 马丁·波利（1939–2008 年），英国建筑评论家和作家。

6. 阿摩斯·拉普卜特著（Amos Rapoport），《住宅形式与文化》（House Form and Culture）（New Jersey：Prentice-Hall，1969），p.75。

7. 罗伯特·文丘里（Robert Venturi），《建筑中的复杂与矛盾》（Complexity and Contradiction in Architecture）（New York：Museum of Modern Art，Papers on Architecture，1966），p.70。

8. 格雷姆·布鲁克（Graeme Brooker）和莎莉·斯通（Sally Stone），《室内结构、形态和结构》（Basics Interior Architecture，Form and Structure）（Switzerland：AVA Publishing，2007），p.124。

9. 希格弗莱德·吉迪恩（Sigfried Giedion），《空间、时间和建筑》（Space，Time and Architecture）（Boston，MA：Harvard University Press，1941），p.xl。

10. J·马纳尔（J. Malnar）和 F·德沃夏克（F. Vodvarka），《室内规格》（The Interior Dimension）（New York：Van Nostrand Reinhold，1992），p.65. 由 John Wiley & Sons，Inc. 授权重印。

11. 爱德华·T·霍尔（Edward T. Hall），人类学家，《隐藏的空间》（The Hidden Dimension）（New York：Anchor Books，1966）。

12. 英国格鲁吉亚建筑时期（Georgian architectural period），1714–1837 年。

13. 迈克尔·帕克·皮尔森（Michael Parker Pearson），《建筑和秩序：社会空间的方法》（Architecture and Order：Approaches to Social Space）（物质文化）（London：Routledge，1994），p.3。

14. 刘易斯·芒福德，《人的条件》（The Condition of Man）（London：Martin Secker and Warburg，1944），p.10。

15. 克里斯蒂安·诺伯 - 舒兹，《建筑的意向》（Intentions in Architecture）（Cambridge，MA：MIT Press，1965），p.65。

16. 取自克兰·莱宾对约翰·F·哈贝森的评论，《消失的布杂艺术秘密——对建筑的研究》（New York：W. W. Norton，2008）。与当今的建筑教育相比较，布杂艺术对个人灵感的爆发依赖较小，更多的是对基础规则和细节的分析。

17. 斯文·海斯格林，《建筑的语言》（The Language of Architecture）（Barking，Essex：Applied Science Publishers，1969），p.250。

18. C·E·香农和 W·韦弗（C. E. Shannon and W. Weaver），《通讯的数学理论》（The Mathematical Theory of Communication）（Urbana：University of Illinois Press，1949）。

19. 对符号学的进一步了解适合于那些对探索这门学科有兴趣的人。

20. 赫伯特·马歇尔·麦克卢汉（Herbert Marshall McLuhan）（1911–1980 年），加拿大教育家、哲学家和学者，英国文学教授、文学评论家、修辞学和传播学理论家。

21. 埃德蒙·卡彭特（Edmund Carpenter），《哦，幻影给我带来多大的打击！》（Oh，What a Blow That Phantom Gave Me!）（London：Paladin，1976），p.50。

22. 提尤·珀德玛（Tiiu Poldma），《空间占用—探索设计的过程》（Taking Up Space – Exploring the Design Process）（New York：Fairchild Books，2009），pp.31，64。

23. 苏珊·J·斯罗克斯（Susan. J. Slotkis），《室内设计基础》（Foundations of Interior Design）（London：Laurence King，2006）。

24. 克莱夫·爱德华兹（Clive Edwards），拉夫堡大学设计史的教授。

25. 维克多·帕帕奈克（Victor Papanek）（1927–1999 年），澳大利亚设计师和教育教家，大力提倡对社会和生态负责的设计产品、工社区基础设施。

26.约翰·拉斯金（John Ruskin），英国（1819–1900年）。拉斯金是维多利亚时代的一位伟大人物：诗人、艺术家、评论家、社会革命和环保主义者。《建筑的七盏灯》（Seven Lamps of Architecture）和《威尼斯之石》（The Stones of Architecture）的作者。

27.大卫·约翰·沃特金（David John Watkin）（生于1941年），英国建筑历史学家，《道德和建筑》（Morality and Architecture）的作者（University of Chicago Press，1977），p.9。

## 第3章　人类形态

1.J·E·霍赫贝格（J.E.Hochberg），认知心理学家。

2.R·弗莱彻（R. Fletcher），行为心理学家。

3.环境心理学是一个跨科学的领域，专注于人类和环境之间的相互关系．在这个领域中对"环境"的定义更加宽泛，包括自然环境、社会设施、建筑环境、学习环境和信息环境。

4.肯特·C·布卢默（Kent C. Bloomer）和查尔斯·W·摩尔（Charles W. Moore），《身体记忆和建筑》（Body Memory and Architecture）（Yale University Press，1977），p.40。

5.哈特利·亚历山大（Hartley Alexander），《世界的边缘》（The World's Rim）（Lincoln: University of Nebraska Press，1953），p.9。

6.埃德蒙·卡彭特（Edmund Carpenter），在他的书《哦，幻影给我带来多大的打击！》（London: Paladin，1976）中交代，作为一个人类学家，他去巴布亚岛和新几内亚岛，使那里的原始社会变成文明社会，但据说他所做的是破坏而不是教化。

7.古希腊哲学家亚里士多德（公元前384–322年）发现了许多物理学的本质理论。这些涉及亚里士多德所说的四大元素。他叙述了这些元素之间的关系他们的动态，他们如何在地球上产生影响，以及他们如何—在许多情况下—被不明力量互相吸引。

8.罗伯特·劳洛尔（Robert Lawlor），《神圣几何学》（Sacred Geometry）（London: Thames and Hudson，1982），p.4。

9.《小即是美》（Small is Beautiful: Economics as if People Mattered）是由英国经济学家E·F·舒马赫的论文集。"小即是美"一词来自他老师利奥波德·科尔的一段话．这通常被用来支持一些恰当的小科技，给人类带来了更多的可能，与此相反的是"大得更好"。

10.菲利普·斯特德曼（Philip Steadman），《设计的演变》（The Evolution of Designs）（London: Routledge，1979），p.4。

11.克洛德·贝尔纳（Claude Bernard）（1813–1878年），法国生物学家和科学历史学家。哈佛大学的伯纳德·科恩称伯纳德为"科学最伟大的人之一"。他还有许多其他的成就，他是首批建议使用双盲实验的人，以确保科学观察的客观性。

12.来自 www.darwinproject.ac.uk。

13.勒内·笛卡儿（René Descartes，1596–1650年），法国哲学家、数学家和物理学家。

14.乔治·居维叶（Georges Cuvier，1769–1832年），法国博物学家和动物学家。

15.鲁道夫·维特科瓦（Rudolf Wittkower），《建筑时代的人文主义原则》（Architectural Principles in the Age of Humanism）（Academy Editions，1949），p.11。

16.勒·柯布西耶（1887–1965年），作为20世纪最具影响力的建筑师而广为流传，同时他还是一位著名的思想家、作家和艺术家——一位多方面的"文艺复兴人"。他的建筑和对重塑现代生活的激进想法，从私人别墅到大规模的社会住房再到乌托邦式的城市计划，一直流传到今天。

17.J·S·阿瑟顿（J. S. Atherton）（2009年），《学习和教学：皮亚杰的发展理论》（Learning and Teaching: Piaget's Developmental Theory）。链接：http://www.learningandteaching.info/learning/piaget.htm。

18.约翰·杜威（John Dewey，1859–1952年），对美国20世纪的思想教育发展做出了巨大贡献。

19.大卫·休谟（David Hume）（1711–1776年）

苏格兰哲学家、经济学家、历史学家，是西方哲学和苏格兰启蒙运动中的一位关键人物。休谟通常与约翰·洛克、乔治·柏克莱及许多其他人作为一个英国的经验主义者被人提起。

20. 行为分析理论是从约翰·B·沃森（美国人，1878–1958 年）行为主义中初步发展起来的。伯尔赫斯·弗雷德里克·斯金纳（B. F. Skinner）（美国，1904–1990 年）的激进行为主义认为科学的焦点是个人的行为例如思考和感受并且通过与环境的互动成形。

21. 马科斯·韦特墨（Max Wertheimer）（捷克人，1880–1943 年），主要贡献在于他坚持了格式塔是感知的基础，定义了它是由什么组成，而不是不同部分中体现的质量。

22. 同上，p.10。

23. 梅拉比安教授（Professor Mehrabian's）（美国人，1971 年）的主要理论贡献包括对感情的准确普遍的三维数字模型描述。

24. 艾蒂安朱尔·马雷（Étienne-Jules Marey）（1830–1904 年）是一位法国科学家和摄像师。

25. 爱德沃德·J·麦布里奇（Eadweard J. Muybridge，1830–1904 年），英国摄像师，主要因他开创性地使用多个摄像头捕捉运动，以及他的动物实验镜，一种突出动图的设备，早于今天灵活使用的多孔薄膜带。

26. 罗伯特·萨默（Robert Sommer），环境心理学家，著有《个人空间：行为设计的基础》（Personal Space：The Behavioral Basis of Design）（New Jersey，Englewood Cliffs，1969）。

27. 大卫·肯特（David Canter），英国心理学家，著有《建筑心理学》（Psychology for Architects）（London：Applied Science Publishers，1974）。

28. 理查德·道金斯（Richard Dawkins），《自私基因》（The Selfish Gene）（Paladin Granada Publishing，1978），p.21。

29. 尤哈尼·帕拉斯玛（Juhani Pallasmaa），芬兰建筑师和理论家，著有《皮肤的眼睛》（The Eyes of the Skin）（Chichester：Wiley，2005），p.72。

## 第 4 章 几何和比例

1. 斯坦·埃勒·拉斯穆森（Steen Eiler Rasmussen），《建筑体验》（Experiencing Architecture）（London：Chapman & Hall，1959），p.135。

2. 基思·克里奇劳博士（Dr. Keith Critchlow），艺术家，设计师，作者和教师。他是神圣建筑领域首屈一指的专家，并且是王子学院传统艺术的荣誉教授，著有《空间秩序》（Order in Space）（London：Thames and Hudson，1969），p.5。

3. 劳伦斯·布莱尔（Lawrence Blair），《视觉节奏》（Rhythms of Vision）（St Albans：Paladin，1976），p.92。

4. 罗伯特·劳洛尔（Robert Lawlor），《神圣几何学》（Sacred Geometry）（London：Thames and Hudson，1982），p.6。由 Thames and Hudson 授权重印。

5. 罗伯特·劳洛尔，《神圣几何学》（London：Thames and Hudson，1982），p.6。

6. 劳伦斯·布莱尔，《视觉节奏》（St Albans：Paladin，1976），p.118。

7. 路易斯·汗（Louis Khan），美国建筑师，1901–1974 年。

8. 勒·柯布西耶（1887–1965 年）。

9. 罗杰·库克（Roger Cook），《生命之树》（The Tree of Life）（London：Thames and Hudson，1974）。

10. 劳伦斯·布莱尔，《视觉节奏》（St Albans：Paladin，1976），p.113。

11. 罗伯特·劳洛尔，《神圣几何学》（London：Thames and Hudson，1982），p.5。

12. 约翰尼斯·开普勒（Johannes Kepler，1571–1630 年），德国数学家、天文学家和占星家。这摘自他 1596 年的著作宇宙的奥秘。

13. 丹·佩多（Dan Pedoe），《几何和文学艺术》（Geometry and the Liberal Arts）（Harmondsworth：Penguin，1976）p.72。

14. 莱昂纳多·皮萨诺·伯格罗（Leonardo Pisano Bogollo）（约 1170–约 1250 年），也被称作

比萨的列昂纳多或斐波那契，意大利数学家。

15. 劳伦斯·布莱尔，《视觉节奏》（St Albans：Paladin，1976），p.117。

16. 马尔库斯·维特鲁威·波利奥（Marcus Vitruvius Pollio），《建筑十书》（Ten Books on Architecture）（公元前 80–15 年），罗马作家、建筑家和工程师。他是世界上第一个出版与建筑相关作品的作者。

17. 阿纳·埃米尔·雅各布森（Arne Emil Jacobsen），通常被称作阿纳·雅各布森（1902–1971 年），丹麦最成功的建筑家和家居产品设计师之一。他的灵感来自查尔斯和雷·埃姆斯（Charles and Rae Eames）的作品。

18. 利昂·巴蒂斯塔·阿尔伯蒂（Leon Battista Alberti）（1404–1472 年），作者、艺术家、建筑师、诗人、牧师、语言学家和哲学家。

19. 塞巴斯蒂亚诺·塞利奥（Sebastiano Serlio）（1475– 约 1554 年），意大利风格主义建筑师，著有许多对建筑界产生巨大影响的书籍。

20. 安德烈亚·帕拉第奥（Andrea Palladio）（1508–1580 年），意大利文艺复兴时期的建筑师和石匠，在意大利十分活跃。帕拉第奥式（The Palladian style），就是以他命名的，他坚持将罗马传统的法则应用在他的作品之中。他最著名的是其别墅设计，并且他是第一个将神庙嫁接到住宅上的建筑师。

21. 卡利马科斯（Callimachus），希腊建筑师和雕刻家，主要活跃于公元前 5 世纪后半期。

22. J·马纳尔（J. Malnar）和 F·沃德沃卡（F. Vodvarka），《内部尺寸》（The Interior Dimension）（New York：Van Nostrand Reinhold，1992），p.75。

## 第 5 章　感知

1. 斯坦·埃勒·拉斯穆森（Steen Eiler Rasmussen），《建筑体验》（Experiencing Architecture）（London：Chapman & Hall，1959），p.33。

2. 戴蒙·亚邦（Keith Albarn），珍妮·阿迈尔·史密斯（Jenny Miall Smith），《图形，思考的工具》（Diagram，The Instrument of Thought）（London：Thames and Hudson，1977），p.36。

3. 乔纳森·沃尔夫·米勒爵士（Sir Jonathan Wolfe Miller），英国戏剧歌剧导演、作家、电视节目主持人、幽默作家和雕塑家。

4. M·D·弗农教授（Professor M. D. Vernon），自然科学家，《感知心理学》（The Psychology of Perception），（Harmondsworth：Penguin Books，1962），p.38。

5. 马科斯·韦特墨（Max Wertheimer）（捷克，1880–1943 年），主要贡献在于他坚持了格式塔是感知的基础，定义了它是由什么组成，而不是不同部分中体现的质量。

6. 斯文·海斯格林（Sven Hesselgren），瑞典建筑理论家，专门从事环境感知方面，《建筑语言》（The Language of Architecture）（Barking，Essex：Applied Science Publishers，1969），p.11。

## 第 6 章　表述和意义

1. 沃尔特·克兰（Walter Crane）（1845–1915 年），英国艺术家和插画家。受到威廉·莫里斯（William Morris）的影响，他也是纺织品、陶制品和墙纸的设计师。

2. 1851 年的万国工业博览会（The Great Exhibition）在水晶宫举办，并由约瑟夫·帕克斯顿担任设计师和规划师。英国是一个世界领先的工业和制造业大国。

3. 工艺美术展览学会（The Arts and Crafts Exhibition Society）创建于 1888 年伦敦。

4. 威廉·莫里斯（William Morris）（1834–1896 年）创建了莫里斯，马歇尔，弗欧克尔公司（Morris，Marshall，Faulkener & Co.），专业生产彩色玻璃、雕刻品、家具、墙纸、地毯和挂毯。这个公司的设计为大众品味带来了一场彻底的革命。

5. 查尔斯·弗朗西斯·安斯利·沃塞（Charles Francis AnnesleyVoysey）（1857–1941 年），英国建

筑师、家具设计师、纺织品设计师。沃塞早期的作品都是关于墙纸、纺织品和家具的。

6. 维克多·奥塔（Victor Horta），比利时人（1861–1947 年）。© 2000，艺术家权利协会 [Artists' Rights Society（ARS）]，纽约 /SOFAM，布鲁塞尔（New York/SOFAM, Brussels）。由 C·H·巴斯廷（C. H. Bastin）和 J·埃夫拉尔·布鲁塞尔（J. Evrard Brussels）摄影。

7. 阿尔方斯·穆哈（Alphonse Maria Mucha），捷克人（1860–1939 年），新艺术风格画家和装饰艺术家。

8. 查尔斯·雷尼·马金托什（Charles Rennie Mackintosh）（1868–1928 年），苏格兰建筑师，设计师和水彩画家。

9. 艾米里·加利（Emile Gallé）（1846–1904 年），法国玻璃设计师。他彻底改变了玻璃制作艺术，将上釉、浮雕和镶嵌等传统技艺与他自己的影响结合起来。他也使用厚重、不透明的日本风格蚀刻玻璃。

10. 包豪斯学院由沃尔特·格罗佩斯（Walter Gropius）创建，位于德国魏玛，活跃于 1919–1933 年。

11. 荷兰风格派运动（De Stijl），也被称作新造型主义，是一场发起于 1917 年的荷兰设计运动。

12. 阿道夫·路斯（Adolf Loos）（1870–1933 年），奥地利建筑师，以他的论文 "装饰与罪恶" 而出名。

13. 路易斯·沙利文，美国建筑师，1896 年。

14. 吉莉安·奈勒（Gillian Naylor），包豪斯建筑学院（The Bauhaus）（Studio Vista/ Dutton Picture-back, 1968），p.7。

15. 皮特·蒙德里安（Piet Mondrian）（1872–1944 年），出生于荷兰阿默斯福特，抽象艺术的先驱之一。

16. 特奥·凡·杜斯伯格（Theo van Doesburg）（1883–1931 年），荷兰艺术家和建筑师，于 1917 年创立了荷兰风格派杂志。这本杂志是按照一群艺术家和建筑师的名字来命名的，包括蒙德里安（Mondrian），胡萨尔（Huszar）和范顿格鲁（Vantongerloo），奥德（Oud）和里特维德（Rietveld）。

17. 第二次世界大战（Second World War），1938–1945 年。

18. 设计委员会（The Design Council）是一个政府机构，创建于 1944 年，目的是促进设计的发展。

19. 尼古拉斯·伯恩哈德·利昂·佩夫斯纳爵士（Sir Nikolaus Bernhard Leon Pevsner，1902–1983 年），德国出生的英国艺术和建筑史学者。出版的著作:《英国建筑》（The Buildings of England）（Harmondsworth: Penguin, 1951–1974 年);《现代设计的先驱者》（Pioneers of Modern Design）（Harmondsworth: Penguin, 1960）。

20. 彼得·雷纳尔·班哈姆（Peter Reyner Banham）（1922–1988 年）著有多部作品的建筑评论家和作家. 他写了《第一次机器时代的理论和设计》（Theory and Design in the First Machine Age）（London: Architectural Press, 1960）。

21. 弗兰克·劳埃德·赖特（Frank Lloyd Wright）（1867–1959 年）。

22. 密斯·凡·德·罗（Ludwig Mies Van der Rohe，1886–1969 年），德裔美国人架构师。他成熟的建筑作品使用了现代的材料，例如工业钢铁和平板玻璃来确定平板空间。

23. 勒·柯布西耶（Le Corbusier, 1887–1965 年）。

24. 1919 年，沃尔特·格罗佩斯（Walter Gropius）在德国魏玛创建了包豪斯学院。这所建筑和设计学院，虽然只存在了 14 年，但因为它在建筑和设计方面的创造性方法在先锋派之间享有很高声誉，一直到当今包豪斯学院也享有盛誉。

25. 埃瑞许·孟德尔松（1887–1953），德国犹太建筑师，因为他的表现主义建筑闻名于 19 世纪 20 年代。

26. 威尔斯·温特穆特·科茨（Wells Wintemute Coates）（1895–1958 年），建筑师，工业设计的先驱者，因为他证明了理解房屋配件和工业方法的技术流程的重要性，让设计更加恰当。

27. 由一群建筑师和评论家成立于 1933 年，这些人包括韦尔斯·科特斯（Wells Coates）、马克斯威尔·弗莱（Maxwell Fry）和莫顿·尚德（Morton Shand），他们是英国现代主义的"智囊团"，现代建筑研究小组（MARS Group, Modern Architectural Research Group）制定了一些很有远见的计划、办了一些展览，最终解散于 1957 年。

28. 阿尔瓦·阿尔托（Hugo Alvar Henrik Aalto）（1898–1976 年），法国建筑师和设计师，有时被称作是北欧国家现代主义之父。他的作品包括建筑、家具、纺织品和玻璃制品。

29. 勒·柯布西耶（1887–1965 年）。《走向新建筑》（Towards a New Architecture）出版于 1923 年；之后的版本由 Dover Pulolications 出版于 1986 年。

30. 福斯特建筑事务所（Foster+Partners），建筑师，伦敦。福斯特早些时候的设计反映了一种复杂的、机械化的、高科技视觉效果。他的风格后来逐渐发展正一种更加崇高、更加锋利的现代性风格。

31. 赫曼·赫茨伯格（Herman Hertzberger）（b. 1932）就是受到了 20 世纪 60 年代荷兰结构主义运动的影响。

32. 理查德·乔治·罗杰斯（Richard George Rogers）（b.1933），英国建筑师，因他现代主义和实用主义的设计而出名。

33. 在他们的想象中未来城市被一个大众社会占据着，具有大规模、灵活、可扩展的结构特征。这些建筑师是高知川添（Noboru Kawazoe），菊竹清训（Kiyonori Kikutake），桢文彦（Fumihiko Maki），大高正人（Masato Otaka），黑川纪章（Kisho Kurokawa）和粟津洁（Kiyoshi Awazu）。

34. 路易·伊莎卡·恩（Louis Isadore Kahn）（1901/2–1974 年），爱沙尼亚具有犹太血统的世界知名建筑师，总部位于美国费城。

35. 景观办公室（Bürolandschaft in German）运动 是早期开放式办公空间规划的一场运动（1950 年代），由埃伯哈德和沃尔夫冈·卡丽（Eberhard and Wolfgang Schnelle）发起。

36. 成立于 1923 年美国密歇根。

37. 伯纳德·屈米（Bernard Tschumi）（b. 1944, 瑞士洛桑），建筑师、作家、教育家，参与了解构主义。他著有《建筑和解构》（Architecture and Disjunction）（Cambridge，MA：MIT Press, 1996）。

38. 丹尼尔·李伯斯金（Daniel Libeskind）（b. 1946，波兰罗兹），波兰裔犹太血统美国建筑师、艺术家和设计师。

39. 彼得·艾森曼（b.1932，新西兰纽瓦克市），美国建筑师。

40. 雷姆·库哈斯（Remment Lucas Koolhaas）（b. 1944），荷兰建筑师、建筑理论家和城市规划专家。他于 1975 年创立了大都会建筑事务所（the Office of Metropolitan Architecture，OMA）。扎哈·哈迪德是他的学生之一。

41. 弗兰克·盖里（Frank Owen Gehry）（b. 1929）出生于加拿大，后移民美国加利福尼亚州洛杉矶市，曾获普利茨克建筑奖。

42. 扎哈·哈迪德（Zaha Hadid），CBE（b. 1950），著名建筑师，出生于伊拉克，后移民英国，曾获普利茨克建筑奖。

43. 尤哈尼·帕拉斯马（Juhani Pallasmaa），《肌肤之眼》（The Eyes of the Skin）（Chichester：Wiley, 2005），p.31。

# 第 7 章　使设计过程运行的理论基础

1. 伦纳德·布鲁斯·阿切尔（Leonard Bruce Archer CBE）（1922–2005 年），英国机械工程师，后成为皇家艺术学院设计研究的教授，支持设计研究并且为设计学科的创立做出了贡献。

2. 汉斯·古格洛特（1920–1965 年），印尼人，出生在德国乌尔姆。著名的建筑师、工业设计师和家居设计师，为布劳恩工作。

3. 莫里斯·艾斯默（Morris Asimow）（1906–1982 年），美国加州大学工程系统的荣誉教师。

4. 约翰·克里斯多夫（John Christopher Jones）（b. 1927），威尔士工程设计师。他在剑桥大学学习工程学，然后去了英国曼彻斯特联合电气工业公司工作。他的书营造手法被认为是设计界一本重要的教科书（伦敦：约翰·威利，1970 年版）（London：John Wiley，1970）。

5. 杰弗里·布罗德本（Geoffrey Broadbent），《建筑设计》（Design in Architecture）（London：JohnWiley，1973），p.25–35。

6. 罗斯玛丽·克尔默（Rosemary Kilmer）和W·欧提·基尔默（W. Otie Kilmer），《室内设计》（Designing Interiors）（Fort Worth：Harcourt Brace Jovanovich，1992），p.162。

7. 阿诺·艾尔米·雅各布森（Arne Emil Jacobsen），通常被叫作阿纳·雅各布森（1902–1971 年），丹麦最成功的建筑师、家居产品设计师之一。他的灵感来自查尔斯和雷·埃姆斯的作品。

8. 道尔公理会教堂（Glendower Congregational Chapel）（1854 年）。后改建成家庭住宅，位于威尔士蒙默思郡。设计者和拥有者：安东尼·萨利（Anthony Sully）；建筑师：格雷厄姆·弗莱克奈尔（Graham Frecknall），2002。

9. 加斯东·巴舍拉（Gaston Bachelard），《空间诗学》（The Poetics of Space）（Orion Press，1964），p.224。

10. 乔治·尼尔森（George Nelson，1908–1986 年）美国现代主义文学的创始人之一，同查尔斯和雷·埃姆斯一样。

## 第 8 章 对准则的探索

1. 布鲁诺·塞维（Bruno Zevi），《现代建筑语言》（The Modern Language of Architecture）（New York：Da Capo Press，1978），p.5。

2. 昆兰·特里（Quinlan Terry）（b. 1937），英国建筑师，专注于高品质的传统建筑经典设计。

3. 恩斯特·马赫（Ernst Mach，1838–1916 年）是一位奥地利的物理学家和哲学家。

4. 罗伯特·亚当（Robert Adam，1728-1992 年）苏格兰新古典主义建筑师、室内设计师、家具设计师，影响了整个西方世界。他是苏格兰当时最著名的建筑师威廉·亚当（William Adam）的儿子（1689–1748 年），并且受到了父亲很好的教导。

5. 罗马城市庞贝建于公元前 6–7 世纪，于公元 79 年的 2 天里在维苏威火山一次灾难性的喷发中遭到破坏并被完全掩埋。许多建筑物和文物都被掩埋在灰烬中。

6. 约翰·索恩爵士皇家学院（Sir John Soane RA）（1753–1837 年），英国建筑师，专注于新古典主义风格。1792 年，他在伦敦林肯银河广场 12 号买了一所房子，伦敦。他还买了隔壁的 13 号和 14 号进行扩建。他把他所有的财产都用在了他的住宅和图书馆上，不过也在他的绘图室里受理了一些潜在客户。（今天，这所房子成为一个博物馆。）

7. 威廉·莫里斯（William Morris）（1834–1896 年），英国纺织品设计师、艺术家、作家和社会主义者，参与了前拉菲尔兄弟会和英国工艺美术运动。

8. 马里奥·阿马亚（Mario Amaya），《新艺术派》（Art Nouveau）（London: Studio Vista/Dutton, 1966）。

9. 查尔斯·雷尼·马金托什（Charles Rennie Mackintosh）（1868–1928 年）。

10. 弗兰克·劳埃德·赖特（1867–1959 年）。

11. 欧文·琼斯（Owen Jones）（1809–1874 年）一位具有威尔士血统出生于伦敦的建筑师和设计师。他是 19 世纪最具影响力的设计理论家之一。

12. 维欧勒·勒·杜克（Eugène Emmanuel Viollet-le-Duc）（1814–1879 年），法国建筑师和理论家，因他对中世纪建筑的"修复"而闻名。他出生于巴黎，是法国哥特复兴中的灵魂人物，他公开讨论了建筑的诚实性，超越了所有的复兴风格，展现出了新兴的现代主义精神。

13. 克里斯托弗·德莱塞（Christopher Dresser）（1834–1904 年），苏格兰设计师、作家，现在作为英国的第一个独立的工业设计师广为人知，推进了安格鲁—日本运动和英国唯美主义运动。

14. 里特维尔德（Gerrit Thomas Rietveld，1888–1964 年），荷兰家具设计师、建筑师，荷兰风格主义艺术运动的主要成员之一。

15. 查尔斯（Charles）（1907–1978 年），雷·埃

姆斯（Rae Eames，1912–1988 年），美国设计师，对现代建筑和家具做出了巨大贡献。他们还从事工业设计、美术、平面设计和电影领域。

16. 卡罗·斯卡帕（Carlo Scarpa，1906–1978 年），意大利建筑师，受到了威尼斯的历史文化和日本材料、景观的影响。斯卡帕也是一位著名的玻璃和家具设计师。在 20 世纪 20 年代后期，他开始成为一名职业的室内设计师和工业设计师。

17. 伊·日奇娜（Eva Jiřičná CBE）（b. 1939），捷克著名的建筑师和设计师，活跃于伦敦和布拉格等地。

18. 科技建筑（High-tech architecture），也称为后现代主义和结构表现主义，是一种出现于 20 世纪 70 年代的建筑风格，将高新技术产业和技术的元素融入了建筑设计。

19. 安藤忠雄（b. 1941），日本建筑师。

20. 恩里克·米拉莱斯·莫亚（Enric Miralles Moya，1955–2000 年），西班牙建筑师。不幸的是，因脑瘤很早去世，享年 45 岁。在 1993 年，恩里克·米拉莱斯与他的第二任妻子意大利建筑师贝内黛塔·泰利亚布（Benedetta Tagliabue）创造了意大利建筑的一种全新做法，称作 EMBT 建筑（EMBT Architects）。

21. 阿道夫·路斯（Adolf Loos，1870–1933 年），摩拉维亚出生的美国建筑师。他对在欧洲现代建筑产生了很大影响，并且在他的论文"装饰与罪恶"（Ornament and Crime）中，否定了奥地利版的新艺术风格中维也纳分离派的华丽风格。

22. 约翰·斯皮斯伯里（John Spilsbury）作为一名英国老师，为了教授地理，在 1767 年创造了第一个拼图玩具。为了美观，他消减了欧洲的边界，将他的地图附在木板上，然后七巧板就诞生了。这种木质拼图玩具由手工绘制，展现英格兰和威尔斯的版图，每一块都代表着一个国家。

23. 由特里斯坦的艾斯查瑞·斯特克（Tristan d'Estree Sterk）创立的机械建筑媒体和响应式建筑事务所（the Office for Robotic Architectural Media and the Bureau for Responsive Architecture，ORAMBRA）是一个小规模的科技办公室设计，有趣的是重新思考建筑的艺术与响应技术的出现。它的作品集中于使用结构形状的变化，并且在改变建筑使用能量的方式上占有重要地位。

## 附录

1. 导师：杰弗里·博金（Geoffrey Bocking），基斯·克里奇劳( Keith Critchlow )，罗宾·丹尼( Robyn Denny )，理查德·史密斯（Richard Smith），罗伯特·赫里蒂奇（Robert Heritage），亨利·汤顿（Henry Thornton），罗斯金·斯皮尔（Ruskin Spear），迈克尔·卡迪拉克（Michael Caddy），伯纳德·科恩（Bernard Cohen），弗兰克·海特（Frank Height），罗兰·怀特塞德（Roland Whiteside），哈罗德·巴特拉姆（Harold Bartram），约翰·普莱泽曼（John Prizeman）。

2. 导师：汤姆·凯（Tom Kay），艾瑞斯·梅铎（Iris Murdoch），约翰·米勒（John Miller），大卫·金特尔曼（David Gentleman），诺曼·波特（Norman Potter），基特·埃文斯（Kit Evans），克里斯·康佛德（Chris Cornford），弗雷德·参孙（Fred Samson），伊丽莎白·亨德森（Elizabeth Henderson），安东尼·弗洛士格（Anthony Froshaug）。

3. 拯救（SAVE）——作为一场运动去拯救英国的遗产，创立于 1975 年。

4. CADW——威尔士历史纪念物（Welsh Historic Monuments）（"cadw"是威尔士语中的"保存"）。

# 参考文献

Abercombie, Stanley, A Philosophy of Interior Design, Icon Editions, New York: Harper and Row, 1990

Adler, David, Metric Handbook, Oxford: Architectural Press (Reed Elsevier plc Group), 1968

Albarn, Keith & Smith, Jenny Miall, Diagram, the Instrument of Thought, London: Thames and Hudson, 1977

Albarn, Keith; Smith, Jenny Miall; Steele, Stanford & Walker, Dinah, The Language of Pattern, London: Thames and Hudson, 1974

Alexander, Christopher, Notes on the Synthesis of Form, Massachusetts: Harvard University Press, 1964

Alexander, Hartley, The World's Rim, Lincoln: University of Nebraska Press, 1953

Amaya, Mario, Art Nouveau, London: Studio Vista/Dutton, 1966

Amery, Colin, Period Houses and their Details, London: The Architectural Press, 1974

Ashcroft, Roland, Construction for Interior Designers, Harlow: Longman, 1985

Bachelard, Gaston, The Poetics of Space, Boston: The Beacon Press, 1969

Banham, Peter Reyner, Theory and Design in the First Machine Age, London: Architectural Press, 1960

Baudrillard, Jean, The System of Objects, London: Verso, 1968

Benton, Tim & Charlotte, Form and Function, Crosby, London: Lockwood, Staples with Open University Press, 1975

Blair, Lawrence, Rhythms of Vision, St Albans: Paladin Granada Publishing, 1976

Blake, John, 'Don't Forget that bad taste is popular' Design Magazine. May 1979, issue no. 365

Bloomer and Moore, Body Memory and Architecture, London: Yale University Press, 1977

Broadbent, Geoffrey, Design in Architecture, London: John Wiley, 1973

Brooker, Graeme and Stone, Sally, Basics Interior Architecture, Form and Structure, Switzerland: AVA Publishing, 2007

Calloway, Stephen & Cromley, Elizabeth, The Elements of Style, New York: Simon & Schuster, 1996

Canter, David, Psychology for Architects, London: Applied Science, 1974

Carpenter, Edmund, Oh, What a blow that phantom gave me! St Albans: Paladin Granada Publishing, 1976

Clay, Robert, Beautiful Thing, An Introduction to Design, Oxford: Berg, 2009

Cook, Roger, The Tree of Life, London: Thames and Hudson, 1974

Corbusier, Le, Towards a new Architecture, London: Architectural Press, 1923

My Work, London: Architectural Press, 1960

Crane, Walter, The Bases of Design, London: George Bell & Sons, 1904

Critchlow, Keith, Order in Space, London: Thames and Hudson, 1969

Davey, Peter, Arts and Crafts Architecture, London: The Architectural Press, 1980

Dawkins, Richard, The Selfish Gene, St Albans: Paladin Granada Publishing, 1978

Dodsworth, Simon, The Fundamentals of Interior Design, Switzerland: Academia, 2009

Dormer, Peter, Design since 1945, London: Thames and Hudson, 1993

Elam, Kimberly, Geometry of Design, New York: Princeton Architectural Press, 2001

Edwards, Clive, Interior Design, a Critical Introduction, Oxford: Berg, 2011

Fletcher, Banister, A History of Architecture, London: B. T. Batsford, 1905

Gelernter, Mark, Sources of Architectural Form, Manchester: Manchester University Press, 1995

Ghyka, Matila, The Geometry of Art and Life, New York: Dover Publications Inc, 1977 (first published 1946)

Giedion, Sigfried, Space, Time and Architecture, Massachusetts: Harvard University Press, 1941

Glazier, Richard, A Manual of Historic Ornament, London: Batsford, 1899

Hall, Edward T., The Hidden Dimension, Garden City, New York: Doubleday, 1966

Hanks, David A., The Decorative Designs of Frank Lloyd Wright, London: Studio Vista, 1979

Hesselgren, Sven, The Language of Architecture, Barking: Applied Science Publishers, 1969

Jones, John Christopher, Design Methods: Seeds of Human Futures, London: John Wiley & Sons Ltd. 1970

Jung, Varl G., Man and his Symbols, London: Aldus Books and Jupiter Books, 1964

Kilmer, Rosemary and Otie, W., Designing Interiors, Fort Worth: Harcourt Brace Jovanovich, 1992

Kruft, Hanno-Walter, A History of Architectural Theory, New York: Princeton Architectural Press, 1994

Lawlor, Robert, Sacred Geometry, London: Thames and Hudson, 1982

Malnar, Joy and Vodvarka, Frank, The Interior Dimension, New York: Van Nostrand Reinhold, 1992

Mann, A.T., The Round Art, Cheltenham: Dragon's World, 1979

Massey, Anne, Interior Design of the 20th Century, London: Thames and Hudson, 1990

Mumford, Lewis, The Condition of Man, London: Martin Secker and Warburg Ltd, 1944

Muybridge, Eadweard, The Human Figure in Motion, New York: Dover Publications Inc, 1955

Naylor, Gillian, The Bauhaus, London: Studio Vista/Dutton Pictureback, 1968

Nesbitt, Kate, Theorizing a new Agenda for Architecture, New York: Princeton Architectural Press, 1996

Norberg-Schulz, Christian, Intentions in Architecture, Cambridge, MA: MIT Press, 1965

Pallasmaa, Juhani, The Eyes of the Skin, Chichester: Wiley, 2005

Panero, Julius & Zelnik, Martin, Human Dimension and Interior Space, New York: Whitney Library of Design, 1979

Papanek, Victor, Design for the Real World: Human Ecology and Social Change, New York: Pantheon Books, 1971

Pawley, Martin, The Private Future, London: Thames and Hudson, 1974

Pearson, Michael Parker, Architecture and Order: Approaches to Social Space (Material Cultures), London: Routledge, 1994

Pedoe, Dan, Geometry and the Liberal Arts, Harmondsworth: Penguin Books, 1976

Pennick, Nigel, Sacred Geometry, Wellingborough: Turnstone Press Ltd, 1980

Pevsner, Nikolaus, Pioneers of Modern Design, Harmondsworth: Penguin Books, 1960

Pevsner, Nikolaus, An Outline of European Architecture, Harmondsworth: Penguin Books, 1943

Pile, John, A History of Interior Design, London: Laurence King, 2000

Pile, John, Interior Design, New York: Prentice Hall and Harry N. Abrams, 1988

Pirsig, Robert, Zen and the Art of Motorcycle Maintenance: An Inquiry into Values, New York: William Morrow & Co. 1974

Poldma, Tiiu, Taking up Space – Exploring the Design Process, New York: Fairchild Books, 2009

Rapoport, Amos, House Form and Culture, New Jersey: Prentice Hall, 1969

Rasmussen, Steen Eiler, Experiencing Architecture, London: Chapman & Hall, 1959

Read, Herbert Edward, Art and Industry, London: Faber & Faber, 1934

Rengel, Roberto J., Shaping Interior Space, New York: Fairchild Publications, 2003

Ruskin, John, The Seven Lamps of Architecture, London: J. M. Dent & Sons,1907

Salingaros, Nikos A., Fractals in the New Architecture, first published in Archimagazine (2001)

Sausmarez, Maurice de, Basic Design, The Dynamics of

Visual Form, London: The Herbert Press, 1964

Scott, Geoffrey, The Architecture of Humanism, London: Methuen & Co. 1914

Shannon, C.E. & Weaver, W., The Mathematical Theory of Communication, University of Illinois Press, Urbana, 1949

Slotkis, Susan J., Foundations of Interior Design, Laurence King, 2006

Sommer, Robert, Personal Space: The Behavioral Basis of Design, New Jersey: Prentice Hall, 1969

Sparke, Penny, An Introduction to Design and Culture in the Twentieth Century, London: Routledge, 1986

Sparke, Penny, Design in Context: History, Application and Development of Design, London: Bloomsbury, 1987

Steadman, Philip, The Evolution of Designs, London: Routledge 1979

Stewart, Richard, Design and British Industry, London: John Murray, 1987

Stoppard, Tom, Travesties, London: Faber & Faber, 1975

Sully, Anthony, Conference Paper Design Courses – Graduates for What Industry? European Academy of Design, Salford, April 1995

Summerson, John, The Classical Language of Architecture, London: Thames and Hudson, 1980

Tangaz, Tomris, The Interior Design Course: Principles, Practices and Techniques for the Aspiring Designer, London: Thames and Hudson, 2004

Thompson, D'Arcy, On Growth and Form, Cambridge: Cambridge University Press, 1961

Tschumi, Bernard, Architecture and Disjunction, Cambridge, MA: MIT Press, 1996

Venturi, Robert, Complexity and Contradiction in Architecture, New York: The Museum of Modern Art, 1966

Vernon, M.D., The Psychology of Perception, Harmondsworth: Penguin Books Ltd, 1962

Watkin, David, Morality and Architecture, London: University of Chicago Press, 1977

White, Antony and Robertson, Bruce, Architecture and Ornament, London: Studio Vista, 1990

Wigley, Mark, The Architecture of Deconstruction, London: MIT Press, 1996

Wittkower, Rudolf, Architectural Principles in the Age of Humanism, London: Academy Editions, 1949

Zeisel, John, Inquiry by Design, Cambridge: Cambridge University Press, 1981

Zelanski, Paul and Fisher, Mary Pat, Shaping Space, Fort Worth: Harcourt Brace College Publishers, 1987

Zevi, Bruno, The Modern Language of Architecture, Da Capo Press, New York, 1978

# 专有名词

**分析**——对信息进行分解组织和划分的能力，有助于问题的解决。

**人体测量学**——记录了不同姿势下人体的数据，包括人体所能做到的所有可能。

**泡泡图**——一些相互联系的圆圈，有助于流程规划。

**建筑形式**——一个建筑的三维形状和构成。

**建筑物规例**——设计和施工的一系列标准，适用于在英格兰和威尔士大多数新建筑和许多现有建筑的改造。

**西洋梳镜柜**——一个装饰性的橱柜。

**计算机辅助设计（CAD）**——一种制造数字化建筑布局、构造和表现图的方法。CAD 还可以组织和协调这些图纸的相关信息。

**合同**——各方之间的具有法律约束力的协议。

**餐具橱**——包括了抽屉、门和带雕刻的底座。

**设计理念**——心里的一种构想，并通过设计师的手绘将形状和形态表现出来。

**二元性**——设计问题的两个部分，对最终的设计方案有很大影响。

**元素**——室内设计领域的组成部分。.

**围墙**——这定义了围绕一个内部空间的任何结构。

**人类工程学**——一门研究设计器材和装置的学问，符合人体特征，人体动作以及人对特定活动的认知能力。

**表达**——设计的具现化以及一个设计的内在精神，反映了时代的文化。

**设备厨房**——这种厨房内所有功能都是通过建筑达成的—固定在建筑的结构上。

**绿色问题**——生态的可持续性目标，用自然的方法，遵循适应性的再使用和环境友好的产品和制造过程。

**意识形态**——一种思考的理念或者是方式，明确表达了一种设计方法的哲学。

**国际风格**——一种强调空间而不是质量的建筑运动由早期的现代主义开始，变成了一种全球的现象。

**LED**——一种发光二极管。一种高效率低能量的半导体光源。

**Lux**——一种照明单位，1 勒克斯就是每平方米 1 流明。

**马赛克**——将小块彩色玻璃，大理石或木头黏合在一起来形成一种图案，通常是在墙面上或是地板上，但也可以铺设在顶棚或是其他的平面上。

**图案**——一个主要的装饰题材，用来修饰家具或室内构造。

**新建**——一个新设计的建筑，建筑和室内的设计可以同时执行。

**充满**——这是吊顶和上面的结构板之间的空间，通常用于配置房屋设备例如电线和管道系统等服务。

**服务**——大楼里的一些服务如电力、供水和排水。

**对称性**——图形中心轴两侧的平衡。

**绷圈**——一种灵活的滑动门，由狭窄的木连接在一起，用于柜子和办公桌。

**使用者**——使用一个建筑室内空间的人：包括所有者和拜访者。

**乡土建筑**——匹配或符合现有的设计和建筑风格。

**古董架**——一种开放的架子，有的是锥形的，通常是被摆在房间的角落里。